这一生，
从平凡到卓越

缪 玮 ■ 著

2019年·北京

图书在版编目(CIP)数据

这一生，从平凡到卓越 / 缪玮著 . -- 北京：当代中国出版社，2019.10
ISBN 978-7-5154-0965-8

Ⅰ.①这… Ⅱ.①缪… Ⅲ.①成功心理—通俗读物 Ⅳ.① B848.4-49

中国版本图书馆 CIP 数据核字（2019）第 215427 号

出 版 人	曹宏举
责任编辑	陈 莎
策划支持	华夏智库·张 杰
责任校对	康 莹
出版统筹	周海霞
封面设计	李尘工作室
出版发行	当代中国出版社
地 址	北京市地安门西大街旌勇里 8 号
网 址	http://www.ddzg.net 邮箱：ddzgcbs@sina.com
邮政编码	100009
编 辑 部	（010）66572264 66572154 66572132 66572180
市 场 部	（010）66572281 66572161 66572157 83221785
印 刷	天津中印联印务有限公司
开 本	710 毫米 ×1000 毫米 1/16
印 张	17.5 印张 248 千字
版 次	2019 年 10 月第 1 版
印 次	2019 年 10 月第 1 次印刷
定 价	49.80 元

版权所有，翻版必究；如有印装质量问题，请拨打（010）66572159 转出版部。

推荐序

因为一个偶然的机会,我走上了讲台,一晃已经过去十九年了。很多人说,我在课堂上所提的观念、思想、见解大大影响了他们原来的看法、态度、行为、习惯。其实我所讲的东西,早在2000多年前,我们的远祖就已经启示过我们了。

万科集团董事长王石曾说:"不要一味地去跟风大数据,我们应该先学习日本人的工匠精神。"有数据显示,日本经营超过100年的企业有20000余家,200年以上的也有1200余家。然而,在1400年前,日本就曾派遣唐使到大唐长安留学,论起来日本应该称我们一声老师,是我们的学生才对。

十几年来,我只要站在讲台上,莫不大声疾呼教育与科技的重要性,且其应是中国当务之急。

缪玮老师与我乃多年朋友,同样深感素质教育的重要与急切。他将多年的思索、体悟汇集成册,写下了《这一生,从平凡到卓越》这本书。

我在《管理者常犯的十一个错误》课程中曾说过:"成功者和失败者其实并没有太大的差异,真正的差别在于成功者很早就养成了很好的习惯。"其中所蕴含的道理其实就是"素质"二字。

迄今为止,本人并没有离开商场,数十年来都在办企业、干事业。但从社会意义的角度来看,我还是觉得教育才算是我真正积德并坚持至今的事情,也是在我老年的时候,愿意跟子孙聊一聊的事。

余世维教育集团董事长
香港富格曼集团董事长
印尼汉威能源集团执行董事
余世维

前 言

　　他，二十余年来潜心研习东西方管理智慧，融管理学、国学、心灵学及践行学的智慧于一体，开创"觉学"智慧。

　　他，成就事业，铸就梦想，写就大爱。

　　他，在管理培训中，始终不忘初心，践行企业的社会使命。

　　面对数万学员，他是妙语连珠、侃侃而谈的人生导师；置身企业高层，他是审时度势、运筹帷幄的灵魂人物；他目光如炬，矢志不渝，见证了从平凡到卓越的一个又一个传奇。他就是"从平凡到卓越素质训练"的创始人——"大师兄"缪玮先生。

　　缪玮先生曾将彼得·德鲁克、余世维、曾仕强、唐骏、郎咸平、乔·吉拉德等国内外著名大师的思想和理论引入湖南。华人管理培训大师余世维称赞他"每一个细节都一丝不苟"；中国式管理之父曾仕强教授誉之为"天上之龙"。

　　从事管理培训行业多年以来，大师兄发现管理中绝大部分问题都是人的问题，而人的问题首先是素质问题。所以，中国有句话叫作"百年大计教育为本"，而大师兄认为"教育大计素质为先"。

　　多年前，大师兄在苏州太湖大学堂向南师求学，秉承南师教诲的"觉"字箴言，潜心修行，终于创建了"觉学"体系——"遵循觉者之路，利益有情众生"。在这个浮躁的时代，大声疾呼并践行"我们只有回归人性基本面，正确认识自己存在的目的和应承担的社会责任，才是未来可持续发展的唯一正确选择"。

　　基于此，大师兄在2006年创办了"从平凡到卓越"素质训练（含从平凡到卓越员工素质训练——迅速提升团队凝聚力、执行力；从平凡到卓越管理者素质训练——打造管理者新思维、新格局；从平凡到卓越领导者素质训练——营销与创新；从平凡到卓越企业家素质训练——国学与管理四大模块），致力于探究纷繁世界里永恒不变的东西，践行做人最基本的原则。

可能很多人会问，"从平凡到卓越"到底是一个什么样的课程？大师兄数十年的坚持到底是为了什么？

其实，从平凡到卓越就是一个寻找自己、发现自己的过程，大师兄只是告诉了我们"素质"的重要性。余世维老师曾亲笔题下"富且贵"三个字与大师兄共勉，意为"知识与技能也许可以让人富有，但素质与涵养才能使人贵气，我们这个社会不缺富豪但极缺贵族"。对于当下的中国，我们可以从两个角度去看：一方面，国家从来没有像今天这样富强，充满机遇，而且必将更富强，出现更多的机遇；另一方面，自孔夫子时代以来，如今的教育是中国历史上空前庞大、空前繁荣的时期，也是空前荒芜、空前贬值的时期。这个时代最显著的问题就是混乱的价值观和瓦解的道德观，大家规则意识淡漠、价值观混乱、行为浮躁。国人不但对知识不感兴趣，对文化也十分陌生。虽然了解一些朗朗上口的专有名词，也通过碎片化的学习学到了很多，但细究之下会发现，这点积累就像是样板戏，架势好看却不实用，简单易懂却不深刻。如此看来，以百年中国历史变化之剧、文化断层之深、一代与一代之间教育品质的差异，造成了今日全民素质的现状，这现状，又是未来教育后果的层层前因。《管子·水地篇》中有这样一段话："准也者，五量之宗也；素也者，五色之质也；淡也者，五味之中也。是以水者，万物之准也，诸生之淡也，违非得失之质也……"管仲以"准""素""淡"为例，论证水是万物不可或缺、无所不在的基本成分。那么，"素质"指的就是所有颜色的共同基本成分。"素质"不是外在的东西，而是内化为自己的那部分能力。而"从平凡到卓越"这门课程就是让我们回归教育的本质——素质。数十年的沉淀只是积累的开始，正如从平凡到卓越是一生的发展过程。

"从平凡到卓越"课程中所蕴含的智慧主要分为四个模块：

国学智慧来源于国学大师南怀瑾；

管理学智慧来源于现代管理学之父彼得·德鲁克；

心灵学智慧来源于20世纪最伟大的灵性导师吉杜·克里希那穆提；

践行学智慧来源于日本经营之圣——稻盛和夫，这也是大师兄主要的智慧来源。

"从平凡到卓越"是指通过体验式的训练，引发企业（个人）的觉醒和职责感，协助企业（个人）解决问题，达成目标；提升企业（个人）的业绩表现，增加效益，也就是企业与个人通过体验学习达到一个修身的目的。这是人生的一面镜子，这也是一个痛并快乐着的过程。茶叶因沸水，才能释放出深蕴的清香；生命也只有遭遇一次次挫折，才能留下人生的幽香。我们所经历的，在未来的生命中会串联起来，而所有的这一切都只为让我们成为最好的自己。

一直以来，"从平凡到卓越"素质训练的最大目标都是"迅速提升参训学员执行力和团队凝聚力"。而大师兄关注的是让参训学员了解并掌握智慧的两个途径"觉察"和"觉醒"，虽然课程中不会设置太多的关于"执行力"和"凝聚力"的内容，但参训学员能在这两个模块得到很大的提升。这也是"从平凡到卓越"课程和普通团队训练的不同之处。

每个人都在追求幸福，但幸福这个词到底如何诠释？大师兄认为幸福的人生就像是个三角形，代表幸福人生有三个要素。这个三角形，就是所有人的目标。"从平凡到卓越"课程不在乎你知道多少，而在乎你真正理解多少，做到多少，是否全力以赴地活在当下，做到最好的自己。希望每个人通过为事业、为家庭、为自己的努力，拥有幸福的人生。相信只有每个人承担起自己的责任，拥有自己的事业，实现自己的梦想，并且愿意付出自己心中的大爱，中国才有可能进入第四个"黄金时代"！

十余年来，"从平凡到卓越"仅三天两夜的公开课程已举办逾百期，帮助了5000家企业、5万名优秀学员发生了"质"的改变。正当讲师事业发展如日中天，帮助无数学员发生改变的时候，大师兄却毅然放弃了丰厚的收入，离开了灿烂的讲台，独自一人归于寂静，如苦行僧般投入时间、精力、资金，倾注无法想象的虔诚、专注和实践，终将中国传统文化与西方管理智慧熔于一炉，提炼出一套适合中国企业家和管理者的成长之道——"觉学"智慧践行系统。

2015年，大师兄讲完"第101期管理者素质训练"公开课后，便退居幕后，将授课的责任交给了精心培育过的讲师团队，自己则开始了对中国文化与素质、个人与组织之间联系的更深层次的研究。大师兄深知素质训练是一生的课题，希望为后来者分享自己的经历和得失，并以"帮助更多企业和家庭树立积极、正面思维"为使命和己任，故在走下讲台后著述《这一生，从平凡到卓越》一书，希望将课程中的所见、所感、所想、所得记录下来，与更多的人分享，帮助大家改变与成功。

一本好书，一天就可以看完，却要用一辈子回味。愿您和我们一样，从这本书开始，从走进"从平凡到卓越"的教室开始，开启自己的改变之旅。

引 子

人生的路

你可以把人生当作一场游戏，肆意挥洒，但游戏不是真实的人生。同样，故事也不是人生，但人生可以是一则真人版故事。你可以把它当作一个故事来听，也可以把它当作生命中的真人真事来感受。

很多人觉得自己是独一无二的，却忘记了，每个人都是上天赐予的礼物，每个人都是独一无二的。有些人永远抱着一种"我还年轻，还有机会重新开始"的心态，却忘记了每个人都曾年轻过。

年少的时候，我就知道生命只有一次，不能虚度，要承担起自己的责任。那时，我最喜欢背着行囊到全国各地旅游，领略祖国的大好河山，欣赏自己从未见过的风景。

一天，我背着行囊走到一个十字路口，面前有两条路：一条路是阳关大道，笔直地伸向前方；另一条路是羊肠小道，弯弯曲曲不知通向哪里。我在第一时间就做出了选择，决定走那条阳关大道。因为我很清楚，自己是来旅游的，不是来探险的。同时，我还告诉自己，世上从来都不缺美丽，缺乏的只有发现美丽的眼睛，所以，走哪条路都一样。

就在我准备起步的时候，突然听到一个声音："朋友，站住！"我才发现有一个人坐在路中间，看起来很奇怪。我看不出他的年龄，只觉得他好像经历过很多事情，眼里写满了沧桑。

我迟疑了一下，然后问他："老伯，有什么事？"听到我叫他老伯，他似乎感到很意外，好像我说错了似的。他也迟疑了一下，问我："朋友，你现在是否面临选择？"我心想，这不是废话吗？但为了表示尊重，我依然回答说："是的，我现在面临选择。"

他说：“你是不是准备走那条阳关大道？”

我说："是的。"

他说："错了，你应该走那条崎岖的小路。"

我问："为什么？"

他说："虽然那条阳关大道看起来很平坦，但里面充满了陷阱、坎坷；而这条小路看起来弯弯曲曲，坚持走下去终将成为一条阳关大道。"

我问："你怎么知道？"

他说："因为我走过。"

我大笑道："你走过，我又没有走过，你凭什么剥夺我选择的权利？"

说完，我背起行囊，走上了那条阳关大道。

当时的我，不相信在这个世界上，还有谁比我自己对自己更好，也不相信有谁的眼睛比自己的眼睛更值得相信。但事实很快就证明，他说得没错！路上很快就出现了坎坷、陷阱。我一次次地摔倒，又一次次地爬起来；一次次地爬起来，又一次次地摔倒。在这条路上，我蹭破了皮，摔裂了肉，流出了血，甚至摔断了骨头。当我走出来时，结果发现就是最初的那个十字路口，我又一次回到了原点。在那一刻我感到好累，我告诉自己：一定要坐下来休息一下。

坐下来以后，我看到一个年轻人，就如同二十年前的我，也如同现在的"85后""90后"，他背着包走了过来。我知道他面临选择，我也知道他一定会选择走那条阳关大道，可我还是喊住他："朋友，站住。"

他顺着声音低下头，发现了坐在路中间的我，迟疑了一下，说了一句话，这句话到现在我还记得，他说："老伯，什么事？"这时候，我才发现，原来我离开校门已经二十年了。在生命中，我们有多少个二十年可以错过？还有多少个二十年让我们度过？

我说："朋友，你现在是否面临选择？"

他说："是的。"

我说："你是否准备走那条阳关大道？"

他说:"是的。"

我说:"朋友,你应该走那条崎岖的小路。"

他问:"为什么?"

我说:"人生就像一场修炼,以为可以完全按照自己的方式生活,以为卑微一点、怯弱一点、不负责任一点,会活得更真实。但实际上这条路充满了坎坷和陷阱。反之,如果你树立了一个目标,虽然开始的时候会比较艰难,但只要坚持下去,最后一定会走出一条阳关大道。"

他问:"你怎么知道?"

我苦笑,我怎么知道?因为我曾走过,也曾跟你们一样,自以为是、不负责任、卑微而又怯弱,固执地坚持自己认为对的选择,但结果呢?有多少人知道在三十岁之前我得到了什么?只有八个字:家破人亡,妻离子散。生活在空调房里的学员,不一定能真正了解我这种心态,也许一生都体会不到。

我苦笑着对年轻人说道:"我当然知道,因为我走过!曾经的我比你们更加自以为是!"

他大笑:"你走过,我又没有走过,你凭什么剥夺我选择的权利?"

于是,这个年轻人,就像二十年前的我一样,背着包,头也不回地走上了那条阳关大道,走向了那条不归路。

一直以来,我给自己的定位都不是讲师,所以也一直不让别人称呼我为"老师",而是"大师兄"。因为在漫长的一生中,没有哪个老师会陪伴我们一生。如果非说有,这个老师应该就是我们自己,这也是我一直倡导的人生信条"以己为师,做最好的自己"。从平凡到卓越就是一个学习的过程,也是我们成长的过程。在培训行业中,我接触过太多的讲师,他们都是用一生去成就一门课程,是用生命在演讲,我也依然坚持站在"从平凡到卓越"的课堂上,因为我想将自己的经验分享给大家,给予大家一点帮助,让大家少走一些弯路!

目 录

第一部分 追寻生命的真谛

第一章 大师兄的学术思想体系和信仰

- 为什么要实现从平凡到卓越 / 3
- 如何从平凡走向优秀乃至卓越 / 7
- 大师兄的价值观 / 9
- 大师兄的学术思想体系 / 12
- 大师兄的信仰 / 14

第二章 从平凡到卓越的力量

- 学习之道：了解学习与修行的意义 / 18
- 和谐之道：实现团队效率最大化 / 21
- 幸福之道：领悟人生的终极意义 / 24
- 管理溯源：打造"新思维，新格局" / 26
- 人生方向：明确人生的目标 / 27
- 提升境界：塑造有规则、有纪律的职业素养 / 34

- ●追求完整：树立卓越的核心理念——每个细节都一丝不苟 / 36
- ●身心蜕变：打破固有思维，重建合一身心 / 37
- ●回归自我：释放心灵，找回自我 / 40

第三章 从平凡到卓越的起跑线

- ●我是一切的根源 / 42
- ●学会如何学习 / 46
- ●目标与执行 / 48
- ●做好营销 / 52
- ●有效沟通 / 61

第二部分 以己为师，做最好的自己

第四章 重估"人"的价值

- ●一个人可以改变世界吗 / 69
- ●卓越的真谛：要改变世界，先改变自己 / 70
- ●佛家两大智慧：觉察与觉醒 / 72
- ●世界上最大的秘密：心想事成 / 74
- ●"从平凡到卓越"的三重境界与释义 / 79

第五章 打破习惯的轮回

- ●谁在掌控你的人生 / 81
- ●习惯、信念、行为、结果之间的关系 / 82
- ●让生命选择卓越："Yes, I can" / 84
- ●练好做人的基本功 / 87

第六章 完善自我，不断精进

- ●人生的终极目标：以己为师，做最好的自己 / 90

- 捷径：熟能生巧，脚踏实地 / 92
- 改变世界是一种信仰：乔布斯和他的苹果神话 / 93
- "从平凡到卓越"行为修炼：从自己做起，从现在做起 / 94

第三部分　卓越管理者的成长之道

第七章　卓越的个人
- 每逢大事需静气 / 99
- 幸福人生三要素 / 100
- 学会选择 / 102
- 卓越的领导者 / 104

第八章　卓越的团队
- 加强团队沟通与协作 / 109
- 明确团队目标 / 111
- 明确三项权利 / 114
- 管理者的两项工作 / 119
- 提高执行要用"心" / 120
- 知道自己属于哪等人 / 123
- 卓越团队的考验——"生死电网" / 128

第九章　卓越的人生
- 人生的三大自由 / 131
- 人生卓越的真相 / 133
- 信念与方法之间的对决 / 136
- 突出重围 / 138
- 与心灵告别 / 143

第四部分　从平凡到卓越的六大能力

第十章　活在当下

- 活在当下：实际一点，不要空想，不要拖延 / 149
- 世界从来不缺乏美丽，只缺乏发现美丽的眼睛 / 150
- 生命只有两种可能：越来越好或越来越差 / 151
- 多维思考：拆掉头脑里的墙，给思维插上翅膀 / 152
- 毛毛虫眼中的世界末日：蝴蝶 / 154

第十一章　焦点在外

- 人生有三求 / 156
- 焦点对外三个原则：利己、利他、利灵魂 / 160
- 外面没有别人，只有你自己 / 161

第十二章　尽心制胜

- 唯有尽心才能尽力 / 163
- 坚定"相信"的力量 / 165
- 尽心虽不能皆制胜 / 166
- 坚持是唯一的成功之道 / 169

第十三章　降格以求

- 生命中最大的问题，就是觉得自己没有问题 / 171
- 所有的问题都是自己的问题 / 172
- 要求他人做到的前提，是自己先做到，以身作则 / 173
- 愿意谦虚低调地做人 / 175

第十四章　以终为始

- "以终为始"——自我领导的原则 / 177

● 老祖宗的智慧：三思而后行 / 178

● 明确目标，不偏离 / 179

● 以终为始：快速达成目标的9个步骤 / 181

第十五章 履行加一

● 履行，不是偶尔，而是时时刻刻 / 183

● 不要一下子承诺太多 / 184

● 立刻行动，每天改变一点点 / 185

第五部分 从平凡到卓越属于每个人

第十六章 人生的蝶变、企业的腾飞

● 让成长永无止境的法宝：学习 / 189

● 责任、荣誉、团队 / 190

● 知道、做到，更要让周围的人收到 / 191

● 决定我们目标的是价值观 / 192

第十七章 管理者新思维、新格局

● 生命就是一对矛盾体 / 194

● 管理的本质是自我管理 / 200

● 管理者的使命：帮助平凡的人做出不平凡的事 / 201

● 这样打造团队：没有完美的个人，只有完美的团队 / 202

● 艰难的选择——最信任与最不信任 / 205

● 管理的目标：双赢 / 207

● 管理授权应该做好的六个步骤 / 209

● 管理的四个阶段、八个步骤 / 210

第六部分 生命是一场感召

第十八章 从平凡到卓越"四圣谛"

- 因爱之名，行爱之事 / 217
- 以己为师，反省深思 / 219
- 自觉觉他，终究圆满 / 222
- 度世度己，一生欣乐 / 224

第十九章 再一次出发，这一生从平凡到卓越

- 新的开始，新的征程 / 226
- 改变从此刻开始 / 226
- 快乐＝感恩、感谢、感激 / 229
- 让心回归，让爱传出去 / 230
- 告诉自己：你最珍贵 / 234
- 我的十项承诺 / 238

后记

- 朝圣心路——自我超越，永不止步 / 243
- "从平凡到卓越"素质训练学员见证 / 250

附录一 从平凡到卓越的智慧

附录二 从平凡到卓越五步法

附录三 《这一生，从平凡到卓越》遗留十大问题

第一部分
追寻生命的真谛

第一章　大师兄的学术思想体系和信仰

●为什么要实现从平凡到卓越

历史上有一对著名的父子，周文王和周武王。很多人都知道周文王礼遇姜子牙的故事，知道文王演周易的故事，还知道武王伐纣的故事，但是对周武王说过"人是万物之灵"的话，就不一定清楚了。"人是万物之灵"这句话，的确是周武王说的。用我们的话说，就是人生来就应该卓越。

但是，现实中却没有多少人相信这句话，倒是比较相信人生来就是平庸的。为什么会这样呢？显然应该有其存在道理。大师兄是通过两个小故事，一个是小象的故事，一个是黄金床的故事，来解释这个现象的。

　　对于一只小象来说，它心里充满着喜悦，因为生命对于它来说，全部都是未知的精彩。所以，当小象走在草原上时，它听到的是花开的声音，看到的是小溪潺潺，头上则是蓝天白云……小象最喜欢走到小溪的旁边，去看溪水中自己的倒影；最喜欢用鼻子慢慢吸起一管水，然后喷洒在自己的头上；喜欢去感受那种惬意和清凉，透过水看到七色的彩虹。

　　有一天，当小象正玩得开心的时候，草原上突然出现了一群可怕的猎人。这批猎人迅速地逼向小象，小象感觉到了不安全。出于生命的本能，它当然想逃跑。可是猎人早在前面挖好了陷阱，所以小象掉入陷阱被擒。

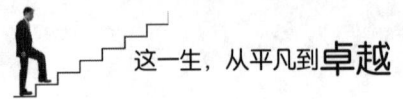

  猎人用粗粗的铁链，把小象绑在大树上。出于生命的本能，出于对自由的渴望，小象拼命想要挣脱铁链。但是，小象的每次挣扎、哀嚎和怒吼，都没有用，换来的都是失败、失望、无助、伤悲，甚至是绝望。

  在这个过程中，铁链磨破了小象的皮肤，深深地勒进它的肉里，甚至流出血来。可是即便是这样，小象依然不愿放弃，它一次又一次地哀嚎着、怒吼着，一次又一次地奋力挣扎以求摆脱束缚。可是，小象的每一次挣扎，换来的都是失望、伤悲、无助，甚至是绝望。它脑子里面就有了一个坚定的信念，没有用的，我只是一只挣不脱束缚的小象。在眼泪流出来的那一刻，小象学会了放弃，它终于接受了苦和痛给它的经验和教训。

  在以后的时间里，小象会在铁链允许的范围内去活动，每一次感觉到脚上铁链的束缚，曾经的痛苦都会深深地告诉它：没有用的，你只是那只挣不脱铁链的小象！小象会毫不犹豫地选择放弃，在那一刻，它眼睛中所有关于自由的火焰，都会熄灭。

  随着时间的推移，小象慢慢长大了，它的身体慢慢变得强壮，力量已经是以前的一百倍了。但是当猎人把长大的小象卖到马戏团的时候，驯兽师只需用细细的铁链随便锁一下就可以了。因为经过长期的训练，当大象感觉到脚被束缚的时候，第一反应已经不是全力以赴地去挣脱，而是马上在脑海里告诉自己：没有用的，我是那只无法挣脱铁链的小象！因为生命已经给了它足够的经验和教训，让小象学会了在铁链允许的范围内活动，甚至为了一根甘蔗、几只香蕉，学会了无数的动作来逗人开心。它唯一忘了的是大象应该是属于草原的，是自由的。

  终于有一天，马戏团起火了，所有的动物四散奔逃，只有那只强壮的大象呆呆地站在那里，任凭烈火吞噬了自己。

可见，牢牢束缚住大象的，不是脚上看得见的铁链，而是它脑海里深深的信念！所以，很多时候，束缚人生的不是外界的环境，而是人自身的观念！

一个人拥有怎样的心灵，就拥有怎样的世界。人是自己观念的奴隶，一个人一辈子收获的成败、荣辱、得失，观念在其中起到了巨大的作用。所以，改变自己，首先要改变自己脑海中错误的观念、偏执的思维惯性，找回自己卓越的天性。

第二个黄金床的故事告诉了我们那些"黄金标准"的可怕。

古印度曾有一位国王，想要用黄金打造一张无与伦比的床。他派人统计了全国人民的总身高，再除以人口总数，得出一个全国平均身高。随后，国王下令按照这个平均身高，打造了一张黄金床。床造好后，国王兴奋地要求每一个前来朝见的人都睡在这张黄金床上，但有一个规矩：这个人必须和这张床一样长。如果这个人个子高，就要被武士砍短；如果个子矮，就会被武士拖去拉长。毋庸置疑，几乎所有的人都会倒霉，大多数人都会一命呜呼！

相信看过这个故事的人都会觉得，这个国王愚昧、无知、残忍、变态、神经病。但在现实生活中，我们每个人可能都犯过类似的错误。国王的愚昧在于用黄金标准去要求别人，我们虽然不会像国王那样，动辄要人性命，但我们会不会用黄金标准去要求别人呢？当然会！我们会用另外一个词，这个词叫作期待。我们不仅会用黄金标准要求别人，还会用黄金标准要求自己。小时候要做一个乖孩子，长大了要进一所好学校，找一份好工作，嫁一个好的人，所有的一切，我们都被要求做到最好。

每个人都是与众不同、独一无二的，这是命运赠予我们的礼物。尊重别人，首先要从尊重彼此的差异开始，接纳别人与自己的不一样，接受不同的看法，即使要承受必要的负面压力。当然，我们也要接纳自己的与众不同，接受自己的全部，包括缺点和不足。对待周遭环境也是如此。只有丢掉所谓

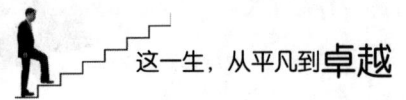

的"黄金床",不做自己和他人的"暴君",才能真正看清自己的定位和需求,才能真正接纳自己、接纳别人、接纳周围的事物,并与之和谐相处,最终幸福、乐观、积极地生活。

从平凡到卓越其实没有那么复杂,它只是一个"回来"的过程,关键是找到生命中的哪些事情让我们今天迷失在一些错误的环节里。大家都可以通过小象和黄金床的故事,好好地进行自我觉察和觉醒。我曾经读到一个关于联合国原秘书长潘基文的故事。

潘基文成名后曾回忆说,他在中学时期曾有过一次失败的交际:17岁那年,有着强烈社交愿望的潘基文为自己制订了一个计划,就是每天放学后到学校附近的工厂、商店门前主动与出入的人攀谈。为了圆满完成这一计划,也为了克服独自一人的胆怯,潘基文把计划告诉了他最要好的同学,并请求对方陪他一起去。

但同学并不喜欢到大庭广众中去,他更喜欢研究航天模型。刚开始,同学碍于情面答应了,并坚持陪伴了他一个星期。但从第二个星期开始,同学说什么也不去了,潘基文很生气,对同学说:"当外交家多好啊,你待在家里研究那些模型,有什么用啊!"对方也毫不客气地回敬道:"你想当一名外交家,而我想当一名科研人员,我们的志向本就不相同,请你不要用你的标准要求我!"

这句话犹如一声惊雷,把潘基文彻底震醒了。他在回忆中说:"我终于懂得了一条与人打交道的原则,那就是'千万不要以自己的标准要求别人'。而且至今,这条原则对我从事外交工作都大有裨益。"

我们常常犯这样一个错误,自己有一些行为习惯、做事准则,就以同样的标准衡量别人,觉得对方做不到,就是不该。殊不知,个人经历、成长环境、思想认知的不同,对人有着直接的影响。每个人对于行为准则的定义都不尽相同,我们可以建议他人怎样做事,但是倘若完全以自己的标准来衡量他人,就有些强人所难了。

的确，认识世界和认识他人，最终是为了认识自己。"认识你自己！"——这是铭刻在希腊圣城德尔斐神殿上的著名箴言，后来的哲学家都喜欢引用这句话来规劝世人。在一定意义上，可以把"认识你自己"理解为认识你的最内在的自我，那个使你"之所以成为你"的核心和根源。自古至今，一切伟大的人性认识者都是真诚的反省者，他们都把自己当作标本，借之对人性有了深刻的理解。

在众多人的人生中，有卓越的人生，也有平凡的人生。卓越的人生凤毛麟角，平凡的人生比比皆是。很多人虽然对卓越的人生钦羡不已，却又不得不屈服于平凡的人生。正所谓"心比天高，命比纸薄"。那么，能否实现从平凡到卓越的人生跨越呢？又如何实现这个跨越呢？这也正是大师兄在接下来的内容里要为大家揭示的人生哲理。

●如何从平凡走向优秀乃至卓越

人是如何从平凡走向优秀乃至卓越的？为什么有些人多有建树，有些人却一事无成？杰出、成功的职场人士和普罗大众有什么不同？你是否也有这样的困惑？

快节奏的职场生活让我们忙于"打怪"，却忘记了为自己的人生进行"转型升级"。

生活中的"怪"有很多种，例如，视野的局限、心胸的狭窄、思维的固化、行为的僵化；还有自制力缺乏、想得太多、做得太少。不知不觉中，我们都忙着在"螺蛳壳里做道场"。

我们常说，理想很丰满，现实很骨感。

但那个骨感的现实，又是如何制造的？

当我们终于从烦恼中解脱出来，并且有能力帮助更多人的时候，才发现，人是一种很容易给自己"挖坑"的动物。当我们久久无法从被他人的伤

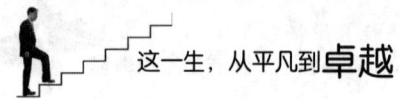

害中释怀，当我们以为是别人的所作所为毁了我们的人生，幸福其实已经离我们越来越远。

每个人都有自己的局限和盲点，这并不可怕。可怕的是，我们把想法当成了现实，沉溺在自己的世界里无法自拔，无法用第三者的视角去感知客观事实，并且对自己的想法坚信不疑。

对于成年人而言，价值观、知识、技能，哪个是最难改变的？无疑是价值观。价值观一旦形成和稳定，再想改变就会变得很难。所谓"江山易改，本性难移"。随着年龄的增长，人们逐渐建立起自己的思维模式。所谓思维模式，是指决定一个人如何解释现实并做出反应的内心态度。不同的思维模式影响着个人的行为选择，并决定一个人最终会活出怎样的人生。

一个人能够为世界做出怎样的贡献，取得怎样的成就，基本取决于其眼界和胸怀，以及脚踏实地不断前行的行动力。

很多人不是没有梦想，而是很少有人会真正按照计划，坚持梦想并为之付出持之以恒的努力。更多的人只是"梦里走了很多路，醒来还是在床上"。凡事瞻前顾后，行动力不足，缺乏魄力和毅力，遇到挑战难以坚持，是影响人们充分发挥潜能，走向更大成功的主要制约因素。古今中外，真正有大成就者，无不是志存高远和勇于行动的人。

很多行动力强的人，往往是先把事情做起来，在"做"中学，不断提高自己各方面的能力，从而在克服一个又一个难题的过程中，变得越来越优秀，越来越成功。而那些总是想等条件更充分了再去做的人，有些时候会因为害怕冒险，或自信不足而裹足不前，自我设限，终致一事无成。

所谓精英，所谓领袖，就是乐于为国分忧、为民造福的人。北宋大儒张横渠有言："为天地立心，为生民立命，为往圣继绝学，为万世开太平。"勇于担当，而非蝇营狗苟，才可能为这个世界做出更大的贡献。每天对自己进行积极的自我暗示，勇于担当重任，接受历练，你才能成为一个更优秀、更有成就的人。

一个人的抱负决定了他的潜力能够得到多大程度的发挥。远大的志向会驱使我们承担更多的风险，让我们更有勇气，表现出更多的韧性，也能更积极乐观地面对一切。多年如一日的努力，让志存高远者比空想者更能够梦想成真，从平凡走向优秀，从优秀走向卓越。

●大师兄的价值观

大师兄说：一个人可以改变世界，关键是你是不是改变世界的那个人。那改变世界的第一步又是什么呢？是我们能不能改变自己。能，还是不能？这个问题相信不难回答。

一个人什么时候才能够改变自己？这是一道开放式问题，答案也五花八门。大师兄的答案是"每个人都想改变，却永远也变不了"。下面这个例子告诉了我们答案。

有个年轻人说，我也想变，但就是变不了。老人把他带到河边，把他的头摁到水里。他没有办法呼吸，就拼命挣扎出来。然后老人对他说：当你把学习当作是跟呼吸同样重要的事情的时候，你就能够改变。

这是什么意思呢？想变就变那叫糊弄孩子，改变是一件很严肃的事情，只有当你把它当成生死大事的时候，才可能改变。可是，我们总觉得自己不会死。

每个人从出生那天起就在慢慢消耗自己的生命，只能说是早死晚死的区别而已。有些人总觉得自己不会老，自己不会死，世界永远不变，这样的人就永远无法成功。一个人确实能改变世界，关键是你能不能改变自己。身处绝境若不改变就会威胁到自己的生命，把改变当成生死大事，才有可能改变。

那么，改变的目标是什么？你为什么想要改变？从平凡到卓越唯一的

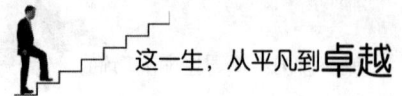

目标就是做最好的自己。如果一定要给成功下一个定义,大师兄认为成功就是做最好的自己,成为自己想要的样子。要想做最好的自己,首先,也是最重要的一点就是要了解和认识自己。你自己是什么样的人,需要什么样的生活,追求什么样的梦想,自身的优势和长处是什么?这些没有任何人可以告诉你,只能通过自我探索找到答案。当然,探索的过程,需要我们敢于试错,而且不断地去试错。

每个人生来都是独一无二的,所以,每个人都想走不同的路,走自己的路,走出有特色的路;每个人又都是相同的,所以,每个人都要走相同的路,走共同的路,走在一起走的路上。

由于时间节点、空间方位和主观认知的不同,每个人都会被贴上不同的标签。但无论是万物轮回,还是朝代交替,每个人匆匆来、匆匆去的路径却又大致相同。职场生存之道,在于学会争取,逼着自己不断提升;在于学会借力,清楚个人力量的渺小,同时看到更多可能性;在于让自己融入一个对个人成长和学习有要求、有高标准的社交圈或学习圈,用"他律"的力量来达成最佳的"自律"!

每个人生下来都是不同的,不同的父母,不同的乡邻,不同的空间;每个人生下来又都是相同的,有血有肉,有家有爱,有哭有笑。但慢慢地,有些人开始走得更快,走得更稳,走得更加坚定;有些人却始终歪歪扭扭,龇牙咧嘴,莽莽撞撞。每个生命体都有渴望、有梦想,如同自燃物般,只要有机会就可以靠自己熊熊燃烧。不同的是,在成长的过程中,有些人慢慢丧失了自燃的能力,必须靠别人点燃才能燃烧;有些人则完全丧失了燃烧的能力,成为了彻底的不燃物,任你万般恳请,凭你柴火尽烧,任你眉头紧锁,他自岿然不动。

为什么刚开始人们都一样,后来差异却如此巨大呢?有人说,因为有的人聪明,有的人愚笨。但历史上,那么多聪明的人后来为什么都没有大作为呢?钱钟书说,自以为聪明的人做事情很难成功,原因有二:一是不愿下笨功夫；二是没有找到他们价值体系中最重要的事情去做，而是在做一些无关紧要的事情，所以他们内心缺少全力以赴的动力。也有人说，是因为有些人家庭背景好，有些人家庭背景差。那历史上为什么会有"富不过三代"的说法？为什么人们会嘲讽某些"官二代"？为什么人们最喜欢看平民逆袭的戏码？王安石在《题张司业诗》中写道："苏州司业诗名老，乐府皆言妙入神。看似寻常最奇崛，成如容易却艰辛。"

看来，造成人们差异的原因是人生崎岖程度不同，所付艰辛也不同。

价值观没有对错，例如，有人认为赚了钱就是成功；有人认为为社会做了贡献就是成功；有的人觉得有一个幸福的家就是成功。可是，世界在某一个时段有没有对错？一定有！这个对错就叫作"势"！

中国有句话叫作"顺势者昌，逆势者亡"。如今年轻人喜欢唱的一首歌，叫作"我闭上眼睛就是天黑"，我想怎样就怎样。可是，这首歌后面是怎么唱的？——"心痛的感觉"。如果闭上眼睛就是天黑，执意以自己的价值观为主，一定会撞一脑袋的包；如果将自己的价值观融合到世界的智慧中，才可能"顺势者昌"。

世界是多维度的，所以需要多维度思考。何况世界上根本就没有那么多对错、输赢，纠结于对和错、输和赢，会失去生命中的所有。但是，如果不讲对错、输赢，应该讲什么？有效！就是基于目标，进行有效的工作。如果只是为了证明自己是对的，会失去整个世界，我们更需要做的是，追求生命的有效性。

人生最大的敌人是自己，而人生最大的失败是自大自狂，人生最大的愚蠢是欺骗。征服世界，并不伟大；一个人能征服自己，才是世界上最伟大的事。把自己的欲望降到最低点，把自己的理性升华到最高点，这是圣人。机会对于任何人都是平等的，它在我们身边的时候，只是普普通通的，根本就不起眼。而有些看起来耀眼的机会其实不是机会，而是陷阱。真正的机会最初都是朴素的，只有主动、坚持与勤奋，它才变得格外绚烂。

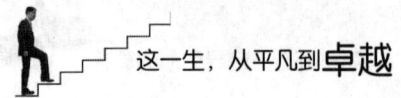

●大师兄的学术思想体系

1. 管理者如何学习

关于管理者的学习,给大家3个建议。

(1)系统。很多时候,我们都是"头痛医头,脚痛医脚",最后只会让头也痛,脚也痛。所以,管理者的学习,一定要具备系统思维,千万不要满足于"点"的改善。企业中"点"的问题一定隐藏着系统原因。

(2)持续。学习需要投入大量的时间,这里的"时间"并不是我们上某节课的时间,而是指学完以后,去复习、练习时所需要的时间。生活中无论想要掌握什么东西,都要记住:熟能生巧。要反复练习,最后将它变成一种习惯,成为一种自然。

(3)针对。每个企业、每个行业、每个人面临的问题都不同,在学习之前,首先要清楚我们的目标。记住,学习和工作一样,只是一种手段,而非目的,不要为了学习而学习。学习之前,一定要清晰我们学习的目标是什么。

2. 学习模块

管理者需要学习哪些模块呢?

第一个学习模块是管理学。

对于管理学模块,给大家推荐的大师是现代管理学之父——彼得·德鲁克。德鲁克先生是管理学科的开创者,他被尊称为"大师中的大师",曾担任由美国银行和保险公司组成的财团的经济学者,美国通用汽车公司、克莱斯勒公司、IBM公司等大企业的管理顾问。关于彼得·德鲁克先生,这里不再做更多解释,相信读这本书的人都知道他在管理学上的地位。有兴趣的管理者,可以系统地研究其著作,特别是《卓有成效的管理者》和《管理的实践》。其中《管理的实践》一书奠定了彼得·德鲁克作为管理学科开创者的地位,而《卓有成效的管理者》已成为全球管理者必读的经典。

第二个学习模块是国学。

对于先秦的诸子百家,相信每位中国人都有所了解。但诸子百家太过纷繁复杂,现在使用更多的是白话文。如果要学国学,建议大家可以向南怀瑾老师学习。南老师一生都致力于国学研究,他有两个身份:一个身份是国民党的少帅;另一个身份是现代禅宗的创始人。《南师集》"经论三大教、出入百家言",纵横古今、博融东西之学于一身,其独特的智慧功德和传统文化功底,为我们开启了通往经典宝库之路,让当下国人有一个正确的人生价值依归。

第三个学习模块是心灵学。

所有的管理问题最终都是人的问题,人的问题则会涉及心灵学。灵性导师吉杜·克里希那穆提,是近代第一位用通俗的语言向西方全面深入阐述东方哲学智慧的印度哲学家。吉杜·克里希那穆提被公认为20世纪最伟大的灵性导师。他一生走访全球70多个国家并进行演讲,他的演讲被辑录成超过80本的书,并被翻译成超过50个国家的语言,被印度及当代的佛家学者认为是"现代龙树再来"及当代的"涅槃阿罗汉"。通过学习克里希那穆提的哲学,相信大家对心灵学、对人生的觉察和自觉,都会有一个崭新的认识。

第四个学习模块是践行学。

很多人都问大师兄:这四个模块,都是说起来容易,但无论哪一门,可能穷其一生也未必能够学懂。该如何融会贯通呢?对此,大师兄给大家推荐第四个人,这个人所研究的就是践行学,而且他在很早之前就已经在践行这四门学问,且取得的成就值得我们所有人去学习,这个人就是稻盛和夫。

稻盛和夫先生是日本的"经营之圣",在有生之年一共创造了两个世界500强公司。当时日本最大的公司——日航,宣告破产,日本首相亲自拜访稻盛和夫,希望稻盛和夫先生出山。当时稻盛和夫已经有70多岁高龄,最终还是决定接手日航。面对从未接触过的航空行业,稻盛和夫只用了4个月时间,就让日航扭亏为盈。

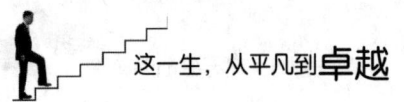

原因何在？因为他真正打通了管理学、国学和心灵学，堪称践行学的第一人。

●大师兄的信仰

很多人都想成功，但如何才能成功呢？成功的路有千万条，所谓"条条大路通罗马"。但大师兄也告诉我们，成功的路到最后只有一条。只要掌握了这一条路，就会成功，无非取得成就大小不同而已。

那么，什么是唯一的成功之道呢？答案其实很简单，就是坚持！坚持是唯一的成功之道。"失败乃成功之母"，要想成功，首先就要学会面对失败。想要取得越大的成功，面临的失败也会越大。只要坚持，成功的概率就会增大。无论对错，只要坚持到底，即使是魔鬼都会被我们感动。

如果没有坚持，就不可能完成工作；如果没有坚持，更不可能取得成绩。正是因为坚持，才取得了最终的成功。所以，坚持是唯一的成功之道。

接下来，简单阐述一下，大师兄对于坚持的信仰。

1. 永不放弃

在第二次世界大战中，对全世界贡献最大的是哪个国家？大师兄认为是英国。

那时中国还在和日本纠缠；德国，在奉行法西斯主义的希特勒的统领下迅速扩张；苏联还在一旁观望，他们得了"旁观言"，希望德国强大起来以后去打美国；美国也得了"旁观言"，也在一旁观望，希望德国成长起来去打苏联；英国和法国，希望德国强大起来以后，直接去打美国再打苏联，反正跟他们没有关系。

世界上最可怕的不是为恶者的肆无忌惮，而是善良者的麻木不仁。法国人特别聪明，他们希望德国人去打美国或苏联，同时为了预防德国人攻打法国，于是创造了世界最伟大的一个防线——马其诺防线。但不幸的是，德国人没走马其诺防线。所以,世界上从来没有最好的防守,最好的防守就是进攻。

当时,整个欧洲大陆几乎全部沦陷,还剩下一个国家——英国。如果英国被攻陷,纳粹德国就会彻底统治欧洲大陆,届时就会攻打苏联。苏联当时已经发生了苏维埃战争,而美国还没有参战。如果当时德国打败了英国,整个世界将会陷入最大的危机。所以,在第二次世界大战中,真正贡献最大的,是坚持到底的英国。其实在第二次世界大战初期,当时的英国首相主张不抵抗,后来丘吉尔上任,带领英国人坚持到了最后。

所以,一个人真的可以改变世界,关键在于我们是不是改变世界的那个人。第二次世界大战结束后,很多人都感谢丘吉尔的付出,都想知道他为什么可以带领英国人赢得这场战争。因为如果英国失败,会对整个世界产生巨大的影响。很多人都邀请丘吉尔进行演讲,但他基本都拒绝了。最后他选择了一个地方,就是英国的牛津大学,从此就有了当时也是迄今为止,全世界最短也最有名的演讲。

演讲现场,十多万人聚集在那里。丘吉尔上台后,除了问好,只说了一句话,全文如下:

"Never give up! never never give up! never never never give up!"

丘吉尔的演讲很简单,只有四个字,叫作绝不放弃。所以,请记住,坚持的第一个要义,就是绝不放弃。一旦做出选择,不管面临任何困难,都永不言弃。

2. 全力以赴

什么叫作全力以赴?就是任何时候都要真正做到:你的身体在这里,你的思维在这里,你的心灵也在这里。很多人都听过这样一句话:"要成功,先发疯,蒙起头来向前冲。"可能有些人会不理解,难道要成功必须先"发疯"吗?其实这句话真正想表达的意思是,无论何时,哪怕是晚上睡觉的时候,都要想着自己的目标和工作,那么你就有机会成功。

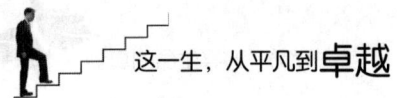

3. 精益求精

孔子有个弟子叫颜回。颜回有两大优点：不二过和不迁怒。所谓"不二过"是指，同样的错误从来不会犯第二次；"不迁怒"是指，永远不会用别人的错误来惩罚自己，更不会将自己的情绪发泄在别人身上。但颜回最重要的优点是"一箪食，一瓢饮，在陋巷，人不堪其忧，回也不改其乐"。哪怕其物质生活极其贫乏，精神生活也非常充盈。

曾子著《大学》，告诉我们：人生修炼的第一步，就是"大学之道，在明明德"。人生所有的目标，都是先从做人开始，修炼的顺序就是"格物、致知、正心、诚意、修身、齐家、治国、平天下"。而修炼的第一步，就是格物。

什么叫格物致知呢？用佛家的话说，叫作"一花一世界，一树一菩提"。也就是说，再简单的工作也藏着智慧。把该做的工作做到极致，就会有智慧。

中国文化中有一个很重要的概念——中庸，"中庸"思想贯穿儒家学说的整个发展过程，并被不断地阐发。《中庸》原本是附属于儒家经典著作《礼记》中的一篇，史料记载，作者为孔子之孙孔伋（子思）。对于"中庸"的解释，朱熹解释是不偏不倚、无过无不及，很通俗易懂，就是"适中"，做事的时候不能过，也不能达不到。意思就是凡事都有一个度，很好地把握住这个度，就是把握住了"道"。偏离了这个度，就不是"中庸"了，是"过犹不及"。中庸以追求天地和谐为目标，万物两仪取其中，是天下事物的根本，是天地运行遵循的通则。如果人们能达到中和的境界，天地间万物各得其所，就能顺其自然而生。我们做人做事如果能够以中庸为基准，就可以平衡自己的人际关系，让自己处理人情世故愈发成熟，收获意想不到的好处。

中庸之道就是儒家天人合一的思想，万物恰到好处，不偏不倚。中庸更是最精准的定位，最完美的点。就像爱迪生找适合做灯泡的灯丝，经过无数次试验，找到最经济实惠和使用时间长的钨丝。中庸不是平庸，中庸是追求最高、最好、最完美。

"科学管理之父"弗雷德里克·温斯洛·泰勒（Frederick Winslow Taylor）提出的最重要的概念叫作劳动分工，对现代企业管理产生了重大影响。世界著名的质量管理专家爱德华兹·戴明（W.Edwards.Deming）只提出了一个概念叫作"每天进步1%"，就振兴了日本；张瑞敏在海尔则形成了"日事日毕、日清日高"的工作重点。这些都是精益求精的典型例证。

把简单的事情做到极致就是不简单，把平凡的事情做到极致就是不平凡。"决不放弃、全力以赴、精益求精"这12个字，说起来容易，但真正做到的又有几个？

第二章　从平凡到卓越的力量

●学习之道：了解学习与修行的意义

过去，很多人都认为培训就是忽悠。现在看来，不排除有忽悠的培训，但也确实有不忽悠的培训。同样，学习能否遇见名师，得靠缘分。当然，有名的"名"不是明白的"明"。也有另一种遗憾，那就是身入宝山却空手而归。因为自己的愚见遮住了眼睛，造成"有眼不识泰山"的事情也时有发生。

世界上寻找捷径的人太多，前仆后继，结果很多人都死在了寻找捷径的路上，尸横遍野。

大师兄认为，天下武功分两派：一是名门正派，二是歪门邪派。歪门邪派会告诉你，挥剑自宫，立刻成功；名门正派会告诉你，天下没有捷径，要到少林寺学武功，得先挑三年水。这就是两派的区别。

学习的目的是什么？从"知道"到"做到"，再从"做到"到通过我们的改变，让周围的人"收到"。

那什么叫学习呢？所谓"学"，就是从不知道到知道的过程，"习"就是做。如果全力以赴地去做一件事情，最终却没做到，不等于没做，是等于浪费。可见，所谓"习"不但等于做，还要等于做到；所谓"学习"就是从不知道到知道，从知道到做到，还要通过我们的改变让周围的人收到，最后是我们"得到"，甚至"得道"的过程。

这个过程需要多久呢？一天？一个月？一年？还是一生？答案是一生。

所以，为什么大师兄不让人叫他老师？他的解释是"因为在我们的一生中，没有任何一位老师会陪伴我们一生。如果非要说有，那么这个老师就是你自己。而从平凡到卓越跟学习一样，也是贯穿我们一生的过程。"

这是大师兄对于他称呼的解释。仔细想想，在之前的学习生涯，我们每一个人确实遇到过许多大师，也读过众多名人的著作。有着"老师"称呼的人，不说一千，也有八百。但任何一位"老师"都不会一直伴随我们，所以他才会提倡我们"以己为师，做最好的自己"。

大师兄对因果的理解是"凡人畏果，圣人畏因。"普通人总担心结果不太好，例如，客户不购买、老板不加薪、员工不听话、老公不爱我。但是真正有智慧的人，会去思考：客户为什么不购买？员工为什么不听话？老板为什么不给我升职加薪？老公为什么不爱我？因为，因比果更重要。种下怎样的因，就会结出怎样的果。

在生命中，比结果更重要的是什么？就是形成结果的原因和过程。在学习的过程中，所谓的"果"，就是从不知道到收到和得到；那"因"是什么？就是知道和做到。

大师兄用最简单的"知道"和"做到"这两个因，来定义什么叫平凡，什么叫卓越。

平凡的人是什么？平凡的人其实是知道得少、想得少、做到得少。中国有一个成语，叫作清心寡欲。因为我们知道得少，所以才会想得少。

做到得少又代表什么呢？这个问题看似很简单，其实并不简单，而且很重要。很多人一生都没有任何成就，就是因为无法回答这个问题。做到得少，就代表得到的少。我们相信，付出决定回报。但是，这里有个前提，就是付出不能求回报。因为求回报，就是在索取，而不是付出。

在西方婚礼上，牧师总会说一段话："你爱他吗？不管他是年轻还是年老，不管他是健康还是疾病，不管他是富裕还是贫穷，你愿意始终爱他如一吗？"也就是说，真正的爱是没有条件的，不是爱他如你所想，而是爱他如他所是。同样，真正的付出是不能求回报的，更不能以我们要求的时间、

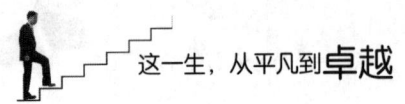

用我们要求的形式去求回报。佛教讲因果,但还讲另外一个字,叫缘。因、果、缘,翻译成今天的话就叫,不是不报,时候未到。

1. 什么叫平凡的人

平凡的人就是知道得少,想得少,做到得少,得到的少。那平凡的人将会怎样呢?大师兄给的参考答案是"平凡的人会看起来很快乐"。什么是快乐?快乐不等于富裕,快乐不等于年轻,快乐不等于漂亮,快乐不等于健康。那么,快乐到底是什么呢?只有六个字:感恩、感谢、感激。

相对于平凡的人,那卓越的人又是什么样的呢?卓越的人,其实是知道得更多,做到得也更多。知道得多代表想得多,做到得多代表得到得多。如果平凡的人是看起来很快乐,那么卓越的人将会成功。

所有想成就大事的人,都会像张瑞敏说的那样"战战兢兢,如履薄冰"。因为他们承担着更大的责任。那么他们会不会感到快乐呢?答案是"不一定"!但不管怎么样,他们一定会成功。

2. 什么叫优秀

从平凡到优秀,从优秀到卓越。那么,什么是优秀?

例如,现在有两个人待业在家:

第一个是家庭主妇。一名专职在家相夫教子的家庭主妇,如果问她找不到工作是什么感觉?答案可能是没感觉。因为对于她来说,工作就是相夫教子,每天去看哪个超市的白菜更便宜、鸡蛋更新鲜,就觉得很有成就感。

第二个是重点大学毕业的本科生。从小学到大学毕业,十六年的时间,如果你告诉他大学毕业就意味着失业,那么他会是什么感觉?可能会怨天怨地,觉得世界全不对,只有他最可怜。这个人会很郁闷,很纠结。

优秀只是一个过程,会产生两种结果:一种是从优秀走向卓越,一种可能是走向灭亡。我们到底是平凡的,还是优秀的,抑或是卓越的?在这个世界上,没有人可以对我们下定义,能给我们下定义的只有我们自己。

3. 我到底是怎样的

现在问问自己，我到底是怎样的？平凡的？优秀的？卓越的？有的人可能想说自己是成功的，但口袋里钢镚儿不多；有的人想说自己是优秀的，但怕别人笑话，只好心不甘情不愿地说，我是平凡的。其实，平凡不可怕，可怕的是平庸。但是无论如何，都请记住一点：比我们在哪里更重要的是我们将要去往哪里。

从平凡到优秀其实很简单，只有一句话，叫作"我是一切的根源"。我们对自我的定义就决定了我们的人生轨迹，所有伟大的成就，都源自于对自我的定义和对自我定义的相信以及坚持！在自己身上用功，才能真正了解和体悟生命的智慧，才能真正变得优秀起来。从优秀到卓越最重要的也只有一句话，叫作"每一个细节都一丝不苟"！但是，这句话里面还隐藏着一个很深的"陷阱"。如果你真正能够用大脑去觉察，用心去思考、去感受这句话，避免掉落到这个"陷阱"当中，那么你将会从优秀走向卓越。如果你不能觉察这个"陷阱"，那么你面对的将会是比失败更大的挑战。

●和谐之道：实现团队效率最大化

单打独斗的时代已经结束了，取而代之的是团队合作！再优秀的人，个人能力也是有限的，要真正从意识上认识到团队合作的重要性。市场竞争日益激烈，拥有巨大发展潜力的企业，除了要有优质的业务来源、优秀的领导及员工外，各部门之间的协作、沟通也非常重要，这直接影响着团队的工作效率。

1994年，斯蒂芬·P.罗宾斯（Stephen P.Robbins）首次提出了"团队"的概念：为了实现某一目标，由相互协作的个体所组成的正式群体。所谓协作，就是团队成员之间通过合理分工，明确岗位职责，发挥个人所长，密切配合，互补互助，实现团队最大产出。

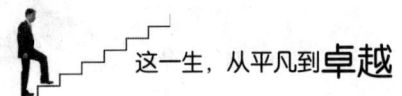

1. 协作让团队在激烈的竞争中立足

（1）协作能激发团队成员的学习热情和动力。每个人都想实现自己的人生价值，希望得到别人的尊重。当团队协作开始时，会对每个成员都提出要求。因为一人的失利可能会导致整个团队的失败，所以为了提高团队的整体能力，就要鼓励成员自发学习，成员也希望自己能用出色的表现赢得整个团队的认可。这种不服输的心理会促使成员持续向上，团队内部也会形成一种良性竞争，继而推动团队整体素质的提高和企业的成长。

（2）协作能够提高工作效率。和谐的团队可以营造一种令人舒适、轻松的工作环境，良好的工作氛围会让每个人都保持工作热情。当团队目标一致，成员为了共同的目标而努力时，就会产生归属感，从而增强团队凝聚力。受团队内部观念影响，成员就会自发约束、规范自己的行为，大大减少消极怠工的现象，成员之间也能进行良好的监督，从而提高工作效率。

（3）沟通不畅，代表团队凝聚力不强。团队成员沟通不畅，不仅会降低整体工作效率，还会增加管理成本。成本的增高对利润的影响显而易见，必然会成为企业利润最大化的阻碍。所以，企业必须重视团队成员之间的协作。

（4）合作可以更好地营造团队成员的归属感，有助于员工能力的提高。从其他人的身上获得经验，能够使自己的个人价值在合作中得到最大限度的发挥，对别人也是如此。

（5）团队协作体现的是一种自愿合作和协同努力的精神。它可以调动团队成员的所有资源和才智，还能自动驱除所有不和谐、不公正现象，如果团队合作出于自觉自愿时，必将产生强大且持久的力量。

2. 团队协作要素

"没有完美的个人，只有完美的团队。"只有团队中的每个人都把团队看得比自己重要，团队才会完美。既然大家有缘进入同一个团队，就要积极主动支持团队中的每一个人。

一个木桶的装水量取决于最短的木板，我们一生所能取得的成就大小则取决于我们的缺点。很多看起来没有我们优秀却比我们成功的人，不是因为他们的长处比我们的"长",而是因为他们的短处比我们的"短"。而我们最容易犯的错误,就是拿自己的优点和别人的缺点做比较。

每个人都有缺点,可最应该发挥的则是我们的优点。那如何才能最大限度地发挥我们的优点呢?答案就是:形成团队,规避缺点,发挥优点。形成团队后,每个人都成了构成木桶的"一块木板"。作为组成木桶的每一块木板,要有两个最简单的觉悟:一是不要成为团队中最短的那一块板,否则团队的成绩将会从你这里流失;二是要帮助团队中的每一个人,尤其是看起来最弱的人,因为他就是那块最短的板,他决定着团队最终的成就。

要达成目标,就要建立一支最有效率的团队。那么,什么叫作最有效率的团队呢?

第一,团队要有共同的目标。所谓团队,就是因为目标一致而走到一起的人。今天,我国的人力资源还在研究人才的"选、用、育、留",而在我们研究考核培训机制的时候,国外的人力资源却在研究如何把员工的目标和企业的目标有机结合在一起。员工不是为企业工作,而是为达成他的目标工作,也就是所谓的职业生涯规划。没人愿意给别人打工,每个人都要为自己工作,特别是今天的"90后""95后"。所以,团队要有共同的目标。

第二,团队中的每个人都要知道且认同目标。很多企业不是没有目标,只不过目标在老板那里,而老板觉得员工没必要了解目标。这个纠结的理念约在五十年前的美国企业就出现过,当时福特的创始人有句名言:"我聘请的只是你的一双手。"言外之意是,我不要你的脑袋。但是今天是不是只聘请对方的一双手,要不要对方的脑袋呢?虽然很多企业家依然认为不要脑袋,但正确的思维应该是,团队中的每个人都应该知道且认同目标。

第三,团队中的每个人都要了解自己的位置及贡献。我们起码要了解现在的职位和岗位。我们为什么会在这个岗位上?是否跟我的优势相匹配?我努力的方向在哪里?我的终点在哪里?我如何才能达到自己预想的目标?作为管理者不仅仅是给员工希望,还要给员工行动的勇气。员工在岗位上成长了,有所成就了,那么公司才会越来越好!

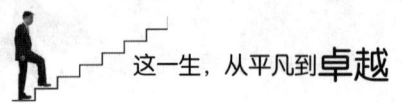

只有满足了这三点的团队，才是最有效率的团队。

●幸福之道：领悟人生的终极意义

有位哲人曾经说过："社会是一锅沸腾的开水，关键看投入什么材料。第一种是生鸡蛋，第二种是胡萝卜，第三种是干茶叶。结果呢？第一种被煮硬了，不再有梦想也不再鲜活；第二种被煮软了，变成了软塌塌的胡萝卜泥，随遇而安，迁就规则；第三种，干巴巴的茶叶渐渐舒展开来，一锅清水变成清香的茶水。"

每个人在世界上终其一生的成功，不是成为偶像、楷模，而是成为自己。

1. 你只能成为你自己

生活中，很多人都崇拜拿破仑，都想成为他那样的盖世英雄。但如果你真的成了拿破仑，生长在那个世纪，经历他那样的遭遇，你还愿意吗？也许有些人会说"愿意！"那如果这个时候再问你："让你从身体到灵魂整个人都变成他，你还愿意吗？"相信很多人就会犹豫了。

成为唐宗宋祖、秦皇汉武的机会微乎其微，但路在脚下，成为"自己"的概率要高很多。对于每个人来说，成为和成就自己最重要。无论多羡慕一个人，相信大多数人也不愿意彻底变成对方。

人生最重要的"德"是如何看待自己，如何"成为"自己。童年和少年是充满理想、充满快乐、充满幻想的美好时期。如果这时候问这些小少年："你们长大想成为什么样的人？"有的人可能想成为贝多芬那样传奇的人物；有的人可能想成为曹雪芹那样的人物；甚至还有人想成为爱因斯坦那样的大科学家。

但标准答案应该是，先成为自己最重要！

2. 独立的人格

成为自己，就有了主见；有了独立人格，有了明辨是非的能力。面对外界的诱惑，才会坚持——很多诱惑并不是我们内心真正所需，人的需要其实很简单!

亚历山大大帝问第欧根尼:"我有什么能为您效劳的?"

第欧根尼瞥了亚历山大大帝一眼,说:"有,请你不要挡住我的阳光!"

两位伟人在同一年去世。但不同的是,亚历山大大帝终生征战疆场,征服了世界,却在33岁英年早逝;而第欧根尼寄身在一只木桶里,却开开心心活到了90多岁。

特行独立的第欧根尼知道自己需要什么。他摆脱了身心疲惫、终生劳累的生活。物质上的贫乏并没有影响他成为伟大的哲学家,反而活得潇洒自得,成为千古美谈。

主见和独立人格的形成需要经历一个漫长的过程。但在这个过程开始前,第一,要用心思考,用心生活,而不是随波逐流,更不能被眼花缭乱的诱惑蒙蔽双眼;第二,要有一种追求独立人格的姿态,面对诱惑,不为所动,自我克制,才能在不断成长中,轻装上阵,追求理想,最终实现人生价值,活出自我风采。

3. 做自己人生的总导演

如果说人生是个大舞台,我们就是舞台上的表演者。每个人都是主角,不必模仿谁,我就是我,好好地活着,要为自己而活。

有梦想就大胆追求,失败了也不要放弃。郑板桥说:"千磨万击还坚劲,任尔东西南北风。"现实生活中,能真正改变自己命运的往往不是别人,而是自己。人生如戏,自己才是唯一的导演!

陶渊明不为五斗米折腰,隐居山野。"采菊东篱下,悠然见南山",很多人都羡慕他的这份潇洒和自我。如果他整天都跟市井无赖混在一起,锱铢必较,早就被历史遗忘了,今天还会有谁知道他的存在?

诱惑为何会有机可乘?欲望为什么无法克制?当诱惑从四面八方逼近,心动了,就会行动,我们就会从四面八方出击,去捕捉诱惑。最终,不是一无所得,就是迷失自己,只能以身心疲惫为代价。

当欲望从心底开始蔓延,我们就会头脑发热,丧失理性,甚至会冲动做

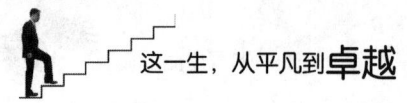

事,不顾后果。生活之所以不幸福,是因为太过执着,追求得太多,迷失了自己。

幸福和快乐往往就在一念之间,只有"成为自己",才能了解生命的目的和意义。自我不需要寻找,它始终都在你我的身边,在心里最深的地方。

"清水出芙蓉,天然去雕饰",自我不需要刻意改变,顺其自然就能达成!

●管理溯源:打造"新思维,新格局"

人生就像一盘棋,结局就由这盘棋的格局决定。想要赢得这盘棋,关键在于把握棋局。在人与人的对弈中,舍卒保车、飞象跳马……种种棋着如同每一次博弈,只有拥有先予后取的度量、统筹全局的高度、运筹帷幄而决胜千里的方略与气势,才能赢得这盘棋。

大千世界,芸芸众生,不同的人有着不同的命运。能够左右命运的因素有很多,而格局就是最为重要的因素之一。拥有怎样的格局,就会拥有怎样的命运;想要成就多大,格局就要有多大。

一个家庭妇女买了一件衣服,习惯性地跟邻居炫耀,结果发现同样的衣服邻居比她少花了20元钱,于是她为此耿耿于怀数天。这位妇人的格局就只值20元钱了。

有一个乞丐,整天在街上乞讨,不嫉妒路上衣着光鲜的人,却嫉妒比自己乞讨得多的乞丐。这个乞丐的格局也就仅限于此了。

有这样一句谚语:再大的烙饼也大不过烙它的锅。这句话的哲理是你可以烙出大饼来,但是你烙出的饼再大,它也得受烙它的那口锅的限制。我们所希望的未来就好像这张大饼一样,是否能烙出满意的"大饼",完全取决于烙它的那口"锅"——这就是所谓的"格局"。

什么是格局?格局就是指一个人的眼光、胸襟、胆识等心理要素的内在布局!一个人的发展往往受局限,"局限"就是格局太小,为其所限。谋大事者必要布大局，对于人生这盘棋来说，我们首先要学习的不是技巧，而是布局。大格局，即以大视角切入人生，力求站得更高、看得更远、做得更大。

格局越大，人生的舞台才会越大。要记住，格局要比所处的位置高。作为员工，必须站在部门经理、部门负责人的角度思考，才会知道整个部门对岗位的要求，才有可能做好工作；作为部门负责人，必须站在总经理、总裁的位置思考问题，才会知道整个公司对部门的定位和要求，部门才有可能做好。同样，总裁、老板必须站在整个行业、整个市场、所有客户的角度去思考，才会知道企业应该如何定位。

格局决定着事情发展的方向，掌控了大格局，也就掌控了局势。记住：格局大了，未来之路才能更宽！

在今天这个知识不断更新的时代，我们都在不断刷新自己的知识结构，只有一点最重要，就是尽量酝酿一种大胸怀。

有大境界才能有大胸怀，有大格局才大有作为。

●人生方向：明确人生的目标

什么方法能让我们直接从平凡到卓越？这个方法就只有两个字：目标！

"目标"这俩字谁都不陌生，笔画总共还不到15笔，却让众多人望而却步。

大师兄是如何诠释目标这两个字的？他用了一个案例来说明目标的重要性：

他把在座的所有学员分为三个团队，左边一个团队，中间一个团队，右边一个团队。三个团队得到同样的任务，要去十公里外的一个目的地，交通工具就是双脚。当时正值七月，一年中最炎热的月份。

第一个团队，队长就是企业老板。企业老板最重视结果，于是给出指令就是一个字："走！"天气热，走得累，最可怕的是内心的迷茫。走得越久越迷茫，也许走一公里路就放弃了，也许走两公里路放弃了，

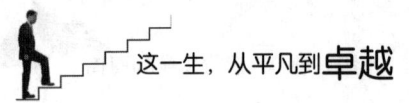

甚至走九公里路放弃了。没有目标，走得越久，越迷茫。

第二个团队，队长也是企业老板。他要的依然是结果，可是他接受过系统的学习，学过MBA，知道目标管理的重要性。所以，在下"走"的指令之前，他让大家坐下来开个会，说我们走到哪里，我们去做什么，我们为什么要到那里去，去那里可以得到什么。如此，出发后，也会感到又累又热，但团队能坚持走到终点，只是，可能无法走得更远。

第三个团队，队长也是企业老板。他也学过MBA，还学过"从平凡到卓越"的课程，知道目标管理的重要性。他除了下指令"走"，也跟大家开个会，我们走到哪里去，我们为什么要去，我们可以得到什么。可是在走之前，他还做出了一个约定，要求团队每走一公里路要停下休息一下，喝口水，交流一下走过的感受，看看路边的风景，甚至唱唱歌，跳跳舞。结果，这个团队走到了终点，又向前继续走了两公里。

大师兄说："从平凡到卓越"真正的课程，是从第二天晚上才开始。在第二天晚上之前，我们都只是在做一个事情——达成共识！因为没有共识我们不可能完成任何学习。人生不过是一条路，问题在于你会选择一条什么样的路。为什么第二个团队能够走到，第一个团队却走不到？他们之间最大的区别就在于"目标"两个字，一个有目标，一个没有目标。第二个团队和第三个团队的区别又是什么？为什么第三个团队可以走得更远？很简单，他们的区别在于有没有把每个目标落实到可行的计划里。

还记得2008年北京奥运会开幕式吗？开幕式总体来看很成功，但现场发生了很多变故。总导演张艺谋中间设计了一个非常漂亮的环节，要求所有的灯光在那一刻都打开，结果有几盏灯就是打不开；他还设计了一个很唯美的画面，美女手持着灯往天上飞，即"飞天"，可结果就有两个美女往地下钻，成了"入地"。尽管发生了这些变故，可最终呈现还是很成功。原因就在于张艺谋在每一个变化后面都预备了新的方案。也就是说,好的计划是要有预案的。

在我们的生命中只有两种选择:一种是有计划,你在计划你的生命;一种是没有计划,你在计划你的失败。"凡事预则立,不预则废",所谓计划就是目标的分解。

那么,什么是目标呢?所谓目标无非两个字,一个叫作目,一个叫作标。"目"就是目的,"标"就是标准。所谓目的,其实就是为什么做。为什么工作就是你工作的目的,为什么努力就是你努力的目的。所谓标准,其实就是要做到哪种程度。例如,要赚钱,在多久之内赚到多少钱。标准不同,定义也会不同。同样的工作,每个人的目标都不相同,因为每个人的价值观和世界观完全不同。

在从平凡到卓越的过程中,最重要的就是目标。生命中可能有很多目标,每个人的目标也不尽相同。如果为人生确立三大目标,你会确立什么?

大师兄帮助大家筛选出了三大目标:钱、成功和学习。

目标一:钱

钱有什么作用?有且只有三个作用:

(1) 让我们过上更好的物质生活。是更好的物质生活而不是更好的生活。你能够买来更好的车子,但不一定能买来快乐;你能买到更大的房子,但不一定能买到家的感觉;你能娶到更美的女子,但不一定有幸福的感觉。话虽如此,但钱仍然很重要。例如,现在看见好的衣服买不起,那只是小小的心痛;但要住院住不起,那就是大大的心痛了。

(2) 让子女接受更好的教育。是让子女接受更好的教育,不是给我们更好的子女。教育,不仅会给我们知识,还会给我们资源。我们都希望儿女将来能过上幸福的生活,那么请问,你为儿女做了什么教育储备?

(3) 让父母过上更好的生活。不是物质生活,是生活。父母的要求其实很简单,只希望自己健康,儿女平安。他们知道,有了健康、平安,才能有一切,而钱为健康、平安提供了保障。我们无法改变世界,唯一能改变的就

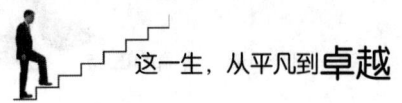

是自己。而当我们真正改变自己的时候,我们就改变了世界。

也许很多人会问,一定要赚钱吗?一定要把钱当成目标吗?想要回答这个问题,请回到你生命中最熟悉的地方,那个生你养你的地方。

第一位,生命中最爱你的父母。他们曾经年轻,现在不再年轻;曾经健康,现在不再健康;曾经对生活充满了梦想和渴望,现在把所有的梦想和渴望放在你身上。我要问的是,你的父母现在有没有过最好的物质生活?他们住的是不是最好的房子?他们穿的是不是最好的衣服?吃的是不是最好的食物?如果他们生病了,是去医院接受最好的治疗,还是不能去医院,只能自己买几颗药吃?如果让父母过上了最好的生活,你就赚到了生命中的第一个1/3的钱。

第二位,在我们生命中一定有个人,是除了父母之外最爱的人。如果我们是父母,这个人也许是我们的儿女;如果不是父母,这个人也许就是我们的丈夫或妻子,也许是男(女)朋友,也许是兄弟姐妹。但不管怎么样,在生命中一定有一个人,是除了父母之外我们最爱的人。那么,你有没有让你生命中最爱的人过上最好的生活?住的是不是最好的房子?穿的是不是最好的衣服?吃的是不是最好的食物?如果让生命中最爱的人过上了最好的生活,那么恭喜你,你又可以多赚1/3的钱。

第三位,是生命中最重要的人,也是生命中最爱我们的人。总有一天儿女会离开,父母会离开,甚至丈夫或妻子都会离开,可是他永远不会离开,这个人就是自己。尝试一下,晚上洗完澡后坦诚面对镜中的自己,面对镜中那个人的眼神,面对自己的内心。我们每一个人都是带着鲜花和掌声来到这个世界上,每个人的眼睛都曾像天空一样明净,那么现在透过这面镜子,你还能看到曾经的爱与支持、信任与关怀吗?每个晚上都能带着欢笑睡去,每个白天都能带着希望醒来吗?如果你做到了这么一点,那么又可以多赚1/3的钱。

如果你没有做到上面所说的,那就根本没有资格不谈钱。因为对于大多数人来说,钱意味着责任!

钱是什么东西？世界上每个人都想赚钱，却少有人知道钱是什么。那么钱究竟是什么呢？答案很简单：就是价值的储存器。什么叫价值？价值包含两方面内容：一是我们付出的，二是我们付出且被别人收到的，合起来就是我们付出并被别人收到的那部分。也就是说，我们不能以自己的价值观来判断自己的付出，而是要以对方的价值观来判断。

我们的生命只有两种可能：一种是你有目标，你在实现目标；另一种是你没有目标，你在实现别人的目标。一个企业谁都可以离开，唯独老板不能离开，老板离开了，企业也就不存在了。所以，钱就是责任，想赚多少钱，就要看你能承担多大的责任。生命中最重要的是目标，比目标更重要的是责任！比责任更重要的是责任心！如果你具备员工的责任心，就能做好员工工作，就能拥有员工的财富；如果你具备一名管理者的责任心，做好管理者的工作，就能拥有管理者的财富；如果能够具备老板的责任心，为老板承担责任，就是企业最重要的财富，你就是企业未来的股东。

不妨问一问自己，你所具备的是员工、管理者还是老板的责任心。如果不知道如何确立责任心，却又想赚钱，该怎么办？就像把一枚硬币，往天上抛，掉下来正面向上算成功，背面向上算失败。有没有可能抛100次，次次都正面向上？答案很明显，绝对不可能！除非你是赌神或作弊。如果要求必须有一百次正面向上该怎么办？那就抛200次、300次或者更多。也就是说，当我们不能承担责任的时候，就要学会付出更多。30岁之前，我们靠努力去创造财富；30岁之后，我们靠经验创造财富；40岁之后，我们靠专业创造财富；50岁之后，我们靠人脉创造财富；60岁之后，我们靠财富去创造财富。

目标二：成功

很多人把成功定为人生目标，这是有问题的，因为每个人对于成功的理解完全不同，如果以成功来涵盖所有人的目标，那么，我们可以说赚到钱了就是成功，也可以说为社会做了贡献叫作成功，还可以说拥有幸福的家庭就

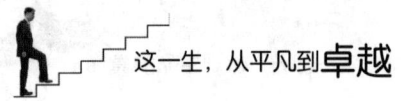

叫作成功。

所有的成功都有一个共同的妈妈,叫作失败。失败是成功之母,可很多人看到失败就会害怕,为什么?因为我们没有找到成功的爸爸。那成功的爸爸是谁?成功的爸爸就是检讨和总结。

现实生活中绝大多数人确实不太喜欢做检讨和总结。即使知道做检讨和总结是十分有必要的,可每当需要自我检讨与总结的时候,都会受到其他事情的影响,总是借口"太忙""没时间",而后就不了了之。又或者每次在进行检讨和总结时,经常不能从客观的角度出发去看待问题和症结所在。

检讨和总结该怎么做?以什么为标准进行检讨,才能得到客观的答案?古人早就说过,检讨最好的方法无非三句话。

第一句话,"以铜为镜,可以正衣冠"。这里的"铜",是指外在的行为标准;这里的"衣冠",是指我们的行为规范。也就是说,自己非常努力却没有实现自我价值的时候,要思考一下,自己的付出是否被别人收到,自己的行为标准有没有符合外在的道德观和社会标准?

第二句话,"以人为镜,可以明得失"。很多人想成为李嘉诚,因为李嘉诚是最有钱的中国人之一。李嘉诚却说:"每个人都想得到更多,可是我们有没有做好付出更多的准备呢?"每个人都想领导更多的人,我们有没有服务好更多人的谦卑呢?对于李嘉诚先生来说,每一份付出都会有回报,每一份收获都会有付出。所谓领导只是一种服务,需要的是一颗谦卑的心。只有在生命中树立一个榜样的时候,才知道该如何去努力。

第三句话,"以史为镜,可以知兴替"。以历史为镜,可以知道未来是成功还是会失败。每个人在每一分钟、每一个当下都在创造历史,只不过,历史究竟是波澜壮阔的,还是默默无闻?是美丽的,还是丑陋的?要由大家决定。

从自己身上学习的人是勇敢的,从别人身上学习的人是有智慧的。虽说失败是成功之母，但生命是有限的，只有少一些失败，才能更快地成功。

人的生命中会犯很多的错，但不允许犯三种错：

第一种，不要犯显而易见的错误。人只有两种活法，一种活在目标里，一种活在情绪里。如今，多数人都没有目标，一天到晚活在情绪里。别人认可我们的时候，我们就充满了激情；别人不认可我们的时候，我们就缺少动力。当我们活在情绪里的时候，就容易犯显而易见的错误，所以不要犯显而易见的错误，要活在目标里。

第二种，不要犯重复的错误。如果犯重复的错误，说明我们根本没有学会总结和检讨。

第三种，不要犯道德和法律的错误。每个人都可以选择自己的道路，但人生道路是有上限和下限的。人生道路的下限叫作法律，人生道路的上限叫作道德，不管如何选择，都不能违反法律，不能超越道德，否则就要承担责任。

目标三：学习

事实上，学习不应该作为一个目标，因为学习更多时候是一种手段。现代人不快乐的一个重要原因，就是太多时候把手段当成了目标。

所谓学习，就是从不知道到知道，从知道到做到，从做到到通过自己的努力让周围的人改变。那么，现实中，很多人是怎样学习的呢？只接受自己能够理解的知识，不接受自己无法理解的知识。而所谓的理解，就是自己有过相同的经历或经验。

庄子说："夏虫不可以语冰。"有过相同的经历或经验，其实就是已知的知识。也就是说，很多人打着学习的幌子，其实是在重复已知的东西。

那么，在"从平凡到卓越"的课程里应该怎么学习呢？所谓学习就是改变，就是去做自己不想、不敢、不能、不愿，甚至不屑去做的事情。

学习中最重要的是什么？就是知道和做到。问大家一个问题：是知

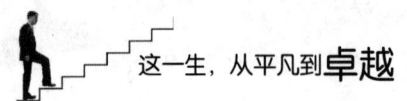

道容易,还是做到容易?对一件事情知道得越容易,做到就越难;知道得越难,做到就会越容易。一旦掌握了这个道理,所有的问题都会迎刃而解。

在之后的生活和工作中,我们对这个道理也有了更深入的理解。例如,发现别人的缺点很容易,而发现自己的缺点很难。但是,如果只限于发现别人的缺点,而自己整天睡大觉,就不可能唤醒自己。一旦由专门发现别人的缺点转而专门发现自己的缺点,自己才算真正觉醒。这也是人生最难的事。

但比未来的目标——赚钱、成功、学习还要重要的,是今天的目标。今天的目标,就是以做人为主。就是说,做事先做人,商道即人道。

几千年前,老祖宗就用一枚内方外圆的铜钱告诉我们,做人也应该学会内方外圆。能够坚强地面对生命中所有的不完美,并坚持自己的原则。可是,也要学会去接受这个世界的不完美,学会圆融、宽容地去面对每一个人、每一件事,温柔地付出。真正明白了做人的道理,也就拥有了内方外圆的"钱",拥有了财富。

做人的秘诀是什么?大师兄给的答案是:先做事,再做人。

很多时候,企业、团队都是好人,最后却达不到目标和结果。所以,首先要把事情做好。不管我们的心怎样,做了一辈子好事,就一定是个好人;不管我们的心怎样,做了一辈子坏事,就一定是一个坏人。

大师兄解释说:"从平凡到卓越的过程重要的是目标,而目标的起点是学会做人。而做人最重要的是学会内方外圆,坚持自己的原则,圆融世界的不完美。承认世界并不完美,但不放弃追求完美的心,其中的秘诀就在于先做事,再做人。"

●提升境界:塑造有规则、有纪律的职业素养

苏州有一家叫德胜洋楼的公司,老总带头洗马桶,马桶干净到可以舀起里面的水来喝。德胜公司的企业文化核心是诚实、勤劳、有爱心、不走捷

径。这几个字眼看起来很熟悉，但德胜公司是将这几个字眼深深融入他们的实际操作中。

德胜公司的理念很让人感动，他们坚持不懈地实践这个理念更是让人感动。耶稣说，"凡听见我这话就去行动的，好比一个聪明人，把房子盖在磐石上"。（马太福音7:24）可是，我们常是听见而不遵行，而且常常将责任归咎于这个社会的不良风气。即使在黑暗的社会里也总有人尽力发出他们小小的光辉！原来并没有什么不可以，只是我们不愿意。我们总是选择诅咒黑暗，而不愿意让自己发光！

人生处处都有"潜规则"！经过长时间的沉淀，社会已经形成了许多不成文的规范。这些规范看起来似乎不太重要，但绝对成立，谁都不能让它改变。

有个人在一家出版社当编辑，成绩突出，得了奖，不仅获得了新闻局颁发的奖金，老板还给了他一个红包，并当众表扬了他的工作成绩。可是，这个人并没有现场感谢上司和属下的协助，更没有把奖金拿出部分来请客，大家虽然表面上不说什么，心里却感到不舒服。

有句俗语说："围山打猎，见者有份。"既然是山里的东西，本来就不属于任何人。虽然你是打猎者，但也没有权力独占，但凡见到此事的人都可分上一份。故事里的编辑，得了奖，得了红包，就要"见者有份"，需要拿一部分出来请客。这时，不能说："奖是我辛苦得来的，是对我工作的肯定，我凭什么要跟你们分享？"拿了好处就要请客，中国人向来如此。祖先就是这样做的，也教导我们这样做，不遵守这种规范，打破这种平衡，就容易让自己陷入被动的局面。这也是一个人综合素养的重要体现。

故事中的编辑为什么能做得比别人好？一个重要原因就是得到了众人的协助。过分强调个人的努力，会忽视周围人和环境对自己的帮助。在职场中，认识到上司、同事和下属对自己的协助，是必要的礼貌。

只活在自己的世界，不懂得迎合外部世界订立的规范，无异于不通人情！故事里的编辑，连句"感谢A的英明领导，感谢B的大力协助，感谢C

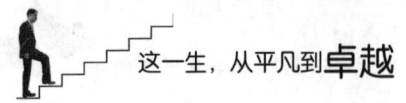

的全力支持……"都不会说,自然就会引起他人的不满。

规则一:表扬或赞美是最"廉价"的

在平时的工作中,几乎所有的领导都会运用一个零成本的规则,就是赞美。得到表扬,员工就会很高兴,工作就会更拼命,这却是领导管理成本中最"廉价"也是最有效的。每个人都希望得到赞美,但大师兄希望大家在工作上得到更多。

规则二:领导眼里只有利益,这是工作标准

不管从事哪个行业,工作的标准永远都是利益。在很多领导眼里,公司支付员工一定的报酬,就需要员工付出等额甚至超额的努力。利益是最好的权衡方式,员工能给公司带来多少利益,决定着个人在公司的价值。因此,只有不断提高自己的专业技能,掌握更多的知识,才能获得长远发展。

规则三:得到表扬越多,自己得到的利益反而越少

管理者之所以要表扬下属,是因为这是管理成本中最低却最有效的,能够让下属更努力、更尽心、更忠诚于公司的方法,最终实现领导所要的结果。当实现目标之后,就已经满足了老板的利益需求,事后就不会再给员工更多的东西,在这个天平里,下属得到的自然就少了。

规则四:不要轻易相信领导的诺言,领导可能只是在画大饼

"好的领导跟你谈钱,坏的老板只是跟你画大饼。"这是职场中流行的一句话。员工在公司工作,待了一年多,心甘情愿地拿着最低的工资,干着最重的活,最后却辞职了,为何?因为老板始终都不给他涨工资,只是给他描绘美好的愿景,例如:股权分配、年末分红等。结果,几年过去了,公司还在,但老员工几乎没了。

●追求完整:树立卓越的核心理念——每个细节都一丝不苟

从优秀到卓越最重要的是什么呢?一句话,叫作"每一个细节都一丝不苟!"但是,这句话里却藏着一个很深的陷阱:真正听懂这句话,将会从优秀到卓越;听不懂这句话,将会从优秀到灭亡。

"天下难事,必作于易;天下大事,必作于细。"大部分人的智商相差不大,为什么有的人却如此成功呢?答案就是把细节做到极致。只有创造价值才有意义,越是做大事,越要对细节严格要求。世界500强企业都将细节做到了极致。优秀的企业都知道,制订战略固然重要,细节更加重要,只有从细微处满足消费者需求,在细节上做到极致,才能获得成功。

简单而重复的事或许谁都会做,做好做细才是能力的体现。想做大事的人太多,把小事做完美的人却非常少。不要妄想一步登天,因为大事都是由一件件小事组成的。要由小及大,从大处着眼,从小处着手,绝不能以微小而不为。

把细节做透,是一种认真态度,更是一种科学精神。细节中蕴藏着机会,将小事做细、做到位、做透彻,小事也能成就大事,细节也能成就完美。精细化时代已经到来,考虑细节、注重细节的人,将小事做细、将细节做透的人,往往更能从细节中找到机会。

同样做企业,为什么有的企业可以发展很快?也许正是因为它们把细节做到了极致。精细化生产,做出的产品挑不出瑕疵,消费者感到满意,质量达到高要求,功能、性能更好,产品性价比高,产品也就成功了;从细节上为顾客提供周到满意的服务,赢得消费者的好口碑,品牌也就成功了。

●身心蜕变:打破固有思维,重建合一身心

身心究竟是怎样结合到一起的?

1. 身是心的形

一元论认为,世界只有一个本原。其中,唯物主义一元论肯定世界的本原是物质,唯心主义一元论肯定世界的本原是精神。对于非哲学出身的我们,深究世界本原问题可能没有太大现实意义,可是探讨身心问题,实现身

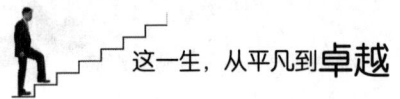

心合一,却能帮助我们更好地生活。

物质是真实存在的。大千世界千奇百态,有人瘦小精干,有人高大强壮,有人大腹便便,有人体态匀称……之所以会出现这些不同,与遗传、生活习惯和年龄等都有关系。可是,在某种程度上,身体也是心灵的一种外在显现。

行走在路上,总会看到一些虽然不再年轻,但举手投足间都散发着魅力的女士,她们身材匀称,衣着得体,给人一种淡淡的清新和书香气。同时,我们也会看到一些顶着啤酒肚的男人,无论衣着如何,总给人一种想要躲得远远的感觉,甚至还会在心里默默告诫自己:一定要节食,不要像他们那样。

有些人吃饭就像饿狼一般,不懂节制,每天恨不得吃上三四个冰激凌。一方面,可能是因为身体素质好,从未吃过挥霍的亏;另一方面,也可能是因为对仪容仪态没有过高要求。但随着年龄增长,见识越来越多,读书越来越多,心也变得越来越宁静,对自己的要求也会不断提高,包括饮食、身形等各方面的要求。

身是心的形,某些时候外在的呈现就是内心的追求。许多人认为自己自制力差,终极原因在于心气儿不高,不相信自己能够做得更好。生活中,我们虽然不提倡太强迫自己,心态宁静、顺其自然固然也对,但若没有一点追求,也着实可怕。况且,整天顶着啤酒肚,无论如何也跟"宁静致远"沾不上边,因为宁静的人一定是自律且自制的。

2. 心是身的灵

二元论主张,世界有精神和物质两个独立本原,身是物质的,心是精神的。关于二者关系的探讨,也是哲学的重要内容,例如:我思故我在、灵魂独立于身体等。

通常,我们认为,一个人的精神世界可能受桎梏更少,摆脱了外表的束缚,就能高山流水,海阔天空,所以,我们相信,许多行动也是由心而发,遇到困难和问题,也会随心而动。

这样的说法固然没有对错，但抛开深奥的哲学思辨，要想证明自己的存在，也要通过精神的自由流淌来实现吗？没有了精神，无法感受到自我实体，何谈其他？

心是身的灵，不可见，不可度量，无影无踪，没有褒贬之分。只不过，与物质身体相比，精神世界显得更加虚无缥缈，令人捉摸不定。

生活中，心是问题的来源，也是解决问题的终途。自作聪明，自我意识强，心思重，就会出现各种工作和生活问题；秉承道家思想"避世"，想要落个清闲自得，可是功底不足，也只能徘徊于现实与理想中患得患失，丢了自己。因此，把握好度、协调好身心更加重要。

3. 身心合一才能走得更远

哲学家巴鲁赫·斯宾诺莎认为：心与物是一体两面，能够进行融合。举个简单的例子：

现实生活中经常能感受到，身体疲惫了，会导致心情不愉快，烦躁不安；心情不好，就会放纵身体，或休息偷懒，或吃喝玩乐。虽然每个人的方式不同，身心相互影响却是一致的。可是，也正是由于人类主观意识的存在，身心调和不再是一种被动地等待，完全能够通过主观能动进行调整、磨合和成长，实现身心的互促互进和协调统一。例如，当心情不好时，动起来，就能用身体分泌的荷尔蒙带动心情的转变。这也是许多人喜欢运动的原因之一。运动前是阴云一片，运动后可能所有的烦心事儿就没有了。

身体疲惫至极、心情跟着下滑时，静静地与自己交流，问问自己：为什么不高兴，烦心事儿是刚刚出现的还是一直都在？累了就不要太要强，否则就给了烦恼可乘之机，因为烦恼之事最爱在身体抵抗力弱时侵扰。这时候问题根本解决不了，它的出现只能带来困扰，只能让我们变得更加消沉。所以，"放下"是当务之急，只要身体好了，恢复了常态，心情也会跟着阳光起来，问题也就不再是问题了。

当然，身心合一是一个辩证的渐进过程，只有心智成熟到一定程度，意识到身心互相影响的方式方法，才能在不和谐时努力调整，尽快恢复。其

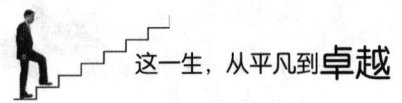

实,问题根本没有我们想象的那么难,试一试就会有出路。

成长需要过程,身心协调需要不断摸索,慢慢地,总能找到适合自己的那条路。

●回归自我:释放心灵,找回自我

科技在给我们的生活带来便捷的同时,也种下了虚伪谎言的种子。不控制好这些种子,它们就会在我们的心灵上发芽,不断膨胀,最终吞噬我们的心灵。

社会生活复杂多变,我们也变得越来越不信任他人,越来越不会被感动,越来越迷惘。我们忘记了倾听自己内心的声音,忘记了擦拭心灵上的灰尘。一旦心灵上的灰尘多了,人就变得复杂了;人越复杂,心灵上的尘土就会越多,如此就陷入了一个恶性循环。

最可怕的生活是被模式化的生活。在同样一个模板里,感受时间和生命相伴流逝,由于麻木,甚至连感叹都没有了。在没有生命的钢筋混凝土的世界里,我们都是些没有太大自由的人,在重复中倦怠。模式化的生活,是我们身心最大的敌人。为了不让自己的心灵受到伤害,我们渐渐地把自己的心灵涂成了密不透风的黑色,从此心灵再也感受不到外面的多彩,享受不到阳光的灿烂。可心灵并不只是用来保护的,心灵应该是美好的,应该用自身的光明去照亮他人、感化他人,让他人也用自己的心灵去感化帮助身边的人。

为了不让自己的心灵就此沦陷,空闲的时候,可以一个人在房间里看书、品茶或与益友闲谈,这些都是不断擦拭心灵的过程。爱默生把远离喧嚣的自然看作是生命的必须。他认为唯有自然能修复我们已经遭受损坏的身心。在自然中陶冶性灵,在天空和森林的永恒静穆中,找回自己!

一次美妙的旅行不单只是用脚在行走,用眼在观望,用嘴去吃喝,你还能得到更多;耳在倾听,鼻在感知,嘴在交流,心在记忆,那么你的旅行就接近快乐了。和家人来一次舒缓阳光下的林中漫步,一下子就给了自己最美好的几种东西：阳光、绿地、运动和朋友。这不仅是给自己的奖励，而且是以退为进地投入新的战斗！

或者至少要做到，不管是在清风明月夜，还是寒冷冰雪夜，邀三五知己或家人，谈人间风情也好，谈家庭琐事也罢，转换脑筋，此情此景，享受真正的快乐瞬间就这么简单！

世上只有一种英雄主义，那就是看清这个世界，而后爱它。不要让社会的复杂封闭了心灵，社会也有好的一面，要让心灵向好的一面发展。不要封闭自己，不要束缚心灵，应该让它自由飞翔。

第三章 从平凡到卓越的起跑线

●我是一切的根源

从平凡到优秀很简单，只有一句话。只要理解了这句话，就能变得优秀；不理解这句话，即使学了再多的知识，也没用，因为人造的知识只会让你变得越来越迷茫。

"我是一切的根源！"调查显示，在决定一个人成功的最关键要素中，80%的要素属于个人自我取向的"态度"类因素，如积极、努力、信心、决心、恒心、雄心、爱心、意志力等；13%的要素属于自我修炼的"技巧"类因素，如各种能力；7%属于运气、机遇、环境、时间、天赋、背景等所谓的"客观"因素。

有一位老者，几十年一直生活在一个小镇上。退休后，每天都在进入小镇必经的道路上与人下棋。

有一天，一位年轻人经过，看到老者悠闲地与人闲聊，便问道："老先生，您是不是住在这个镇子里呀？"老者缓缓抬起头，看了年轻人一眼，回答说：

"是的，我在这里已经住了几十年了。"年轻人接着问："那您对这个地方一定很了解了。是这样，我因为工作的关系，要搬来这里，所以想先了解一下这里的风土人情。"

老者看着眼前的这个年轻人，反问道："你以前住过的地方的人怎么样？"

年轻人一摆手，摇摇头，露出痛苦和鄙视的表情："别提了！那些人个个都很虚伪，从来都是当面一套，背后一套，表面上对你很好，背地里净给你使绊子，没有一个人是真心对你好的。在那里生活，你必须事事小心，处处提防。"

老者默默听年轻人把话说完，然后说道："这里的人比你们那里的人还要虚伪！"听老者这么说，年轻人黯然离去。

几天后，又有一个年轻人来到小镇，恰巧也是问这位老者："老先生，您是不是住在这个小镇上？"

老者缓缓抬起头，看了年轻人一眼，回答道："是的，我在这里已经住了几十年了。"

这个年轻人又问道："那这里的人怎么样呀？"

老者默默地望着他，同样反问道："你以前住的地方的人如何呀？"

年轻人面露满意和愉快的神色："很好呀，大家都很热心，彼此之间互相关心。谁家有什么事，大家都过来帮忙，相处得非常融洽，就像是一家人一样。"老者微笑地注视着这个年轻人："放心吧，我们这里也是如此，每个人的心里都充满了爱，也都非常热情，乐于助人，来这里你一定会很快乐。"

这个故事，生动形象地向我们阐述了一个道理："我是一切的根源"。

同样的地方、同样的居民，故事中的老者却对两位年轻人做了截然不同的形容和描述。因为在第一个年轻人的心中运转着消极、黑暗的思维模式。在这种思维的引导下，无论他走到哪里，都会碰到虚伪、冰冷的面孔；第二位年轻人的心中却充满了积极、美好的情绪，在这种思维的引导下，无论他走到天涯海角，都会收获真诚的目光和温馨的笑容。

其实，地点和人都没有变，不同的只是：当事人用何种思维来思考，用何种方式来面对周围的环境，所以问题真正的根源在于我们自己。

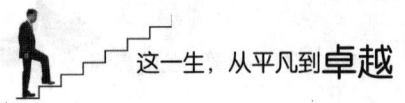

这个故事启示我们：每个人都要在自己的思维中注入美好的东西，构建美好的思维模式，那么我们的心情将是愉悦的，周围的人也会是美好的。

成功因为态度，"我"才是一切的根源！要记住这一值得回味的结论，用这样的思维方式来思考问题，用这样的思维方式分析过去，把握今天，准备未来。

1. 我是我认为的我

有什么样的自我期望，就会选择什么样的信念；有什么样的信念，就会选择什么样的态度；有什么样的态度，就会产生什么样的行为；有什么样的行为，就会造成什么样的结果。因此，要想让结果变得更好，就要先让行为变得更好；要想让行为变得更好，就要先让态度变得更好；要想让态度变得更好，就要先让信念变得更好；要想让信念变得更好，就要选择更好的自我期望。

约翰·库提斯，世界第一激励大师。他没有双腿，出生的时候天生残疾，医生说他只能活到两岁。但事实是他一直活到了今天，并且顽强地读完了中学。

中学毕业后，他开始找工作。由于身体有残疾，所以屡屡遭到拒绝。但约翰·库提斯并不灰心，他坚信自己一定可以找到一份适合自己的工作。终于，他的坚持、毅力、执着感动了一些企业。有一家企业为他提供了一份工作，为了做好这份工作，约翰·库提斯不仅学会了工作的技能，而且学会了开车。

如今，约翰·库提斯早已不是一个普通的员工，他已经成为世界级的激励大师。

约翰·库提斯在一次演讲中，大声说道："面对困难，面对拒绝，我不能改变世界，我只能反思自己，不断地正面强化，强化积极的心智！正是心智变了，世界也变了，我的命运也变了。"

在自己的心目中，认为自己是什么，最终就会成为什么。你是你变为的你！

2. 我是一切的根源

著名心理学家艾利斯有个著名的"ABC情绪理论"：人的情绪主要根源于自己的信念以及他对生活情境的评价与解释的不同。无数事实告诉我们：一切结果的根源常常不是事物本身，而是有权对该事物做出不同评价与解释的我们——我才是一切的根源！

生命中的许多经验——那些"因"，是在我们的皮肤之内，存在于我们的潜意识中。

对事件的反应模式会造就我们今天生命里总的"果"，所以有些人会觉得在自己的生命里到处都碰到一些和自己对立或者利用自己的人；也有一些人无论到哪里，都能结交到一些知心朋友。而有一些人总觉得自己可怜，有些人总觉得自己不被人所爱，有些人总觉得自己命苦。

这一切的外在结果，包括人际关系、事业成败、亲子关系、夫妇情感、情侣恋爱，所有我们肉眼所见、生命里所看到的结果，根本原因都在自己身上，这就是"我是一切的根源"。

世上本无移山之术，唯一能移山的方法是：山不过来，我就过去。没有一帆风顺的人生，生活中有太多的坎坷和不如意，就像是自然界中"大山"一样，一动不动地屹立在那里。很多时候，我们无法改变它们。既然事情无法改变，那就改变我们自己。

佛家谈到"万法唯心造"，每个人都在为自己创造世界，每个人眼中所看到的世界都是不同的。我们可能无法掌控风向，但至少可以调整风帆；我们可能无法左右事情，但至少可以调整心情。

不要再抱怨，因为我是一切的根源！

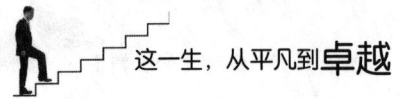

●学会如何学习

获得成功的路径有很多,每个人获得成功的层次也有很大差别,但成功人士所具有的优秀品格往往是相似的。学习成功,是人生成功的第一步;学会学习,就是在学会成功。

人生需要不断学习!

人生就像是一本连载小说,读者永远不知道接下来会发生什么。站在人生的大舞台,会遇到很多人和事,只有不断学习,才能适应变幻莫测的人生。工作中一味蛮干,而不懂得为自己充电,只会事倍功半。

不断地学习就像是连续不断地给自己注入源头活水。它教会我们做人的道理,休养生息,做一个有素质、有道德的人;它教会我们如何提高我们认知问题、分析问题、解决问题的能力,更可以让我们开阔眼界,明智养心。

当然,我们也不能盲目学习,要找对学习方法,在快乐中学习,轻松收获成果。这里重点讲一下复习的重要性。

学习分三步,即预习、学习和复习。时间是一位无所不能的神,积累的力量是最大的。要学会积累,持续得越久,积累得越多。

为了说明复习的重要性,大师兄还讲了一个八哥的故事:

有位朋友养了只八哥。为什么要养八哥呢?因为八哥会说话。但这位朋友非常不走运,他养的这只八哥特别笨,学了整整一年,只学会了一个字"谁"。

有一天,家里的水管爆了,朋友就把水闸关住,打电话给自来水公司,约人上门维修。约定的时间是下午四点钟,不巧三点钟的时候朋友接到领导的一个电话,说有个重要会议要他去开,必须去。他急忙离开,完全忘了水管工要来的事。

下午四点,水管工准时来到了朋友的家门口。水管工开始敲门,"咚咚咚",里面传来一声嘹亮的声音:"谁?"水管工回答:"水管工。"

然后，就是沉默。因为屋里边没人，只有一只八哥，而且只会说这一个字。

按照公司维修手册的说法，有人约你上门服务，敲了门有人回应却不开门，一般有以下三种可能：第一种可能是客户在"方便"，第二种可能是客户在洗澡，第三种可能是客户在做一些其他事，暂时不方便开门。此时，正确的做法是退后一步，等待五分钟。

五分钟后，门仍然没有开，水管工再次敲门，"咚咚咚"。从屋里再次传来嘹亮的声音："谁？"外面再次回答："水管工。"然后，又是沉默。

水管工决定再退后一步，等候三分钟。他想，八分钟过去，方便也该方便完了，洗澡也该洗完了，别的事情也该做完了。

又过了三分钟，水管工再次敲门，"咚咚咚"。里面再次传来嘹亮的声音："谁？""水管工。"然后，继续沉默。这时，水管工已经有些不耐烦了：客户怎么能这样对我呢？就算是泥人也有三分土性啊！

因为带着情绪，所以他敲门的声音越来越重，结果鹦鹉的声音也越来越响。外面"乓乓乓"。里面声音也变大："谁？""水管工。"沉默。

外面"嘭嘭嘭"。里面声音更大："谁？""水管工。"沉默。

"哐哐哐。""谁？""水管工。"沉默。

水管工筋疲力尽，但依然在坚持。"砰砰砰。""谁？""水管工。"声音已经微弱。

等到朋友回来时，已是晚上天黑时分。他看到门外有个黑乎乎的东西，吓了一跳："谁？"只听屋里传来一声嘹亮的回答："水管工。"谁回答的？八哥鸟！

连这么笨的八哥，经过几个小时的反复练习，都学会说"水管工"了，足见复习在学习中的重要性。

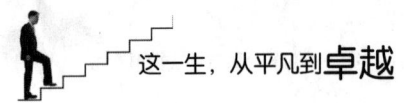

记住,如果说失败是成功之母,那么重复就是学习之父!所以,要学会重复。

一位国学大师曾说过,为什么我们的祖先一辈子读几本书,就什么都明白了;而我们读了太多的书,最后还是什么都不懂?因为缺少了反复学习的环节。学得多不见得是好,泛泛博览比不上反复精读,因为你没有领悟到精髓,真就是"不复习等于没出息了"。

●目标与执行

有目标,有规划,没有执行,那都是空想。这三者是一个闭环的循环系统,如果目标不能被有效执行,那也就是想想而已。哪一个环节出差错,都需要找到问题所在,比如不管怎么样执行,都达不到目标怎么办?这时,你要思考,是不是规划出了问题。重新规划,再次起航,不断实践验证,并按照计划,持续地跟踪反馈。大师兄在培训过程中还比较系统地讲过管理和销售的基本知识。可能很多人会说,为什么要教销售和管理?我不是做销售和管理的,为什么还要学?大师兄是这样解释的:"销售和管理是未来每个人每天都要做的两个工作。"如何理解?大师兄解释如下。

先说销售,销售的工作是什么?销售工作只有两个方面:

第一,把自己的思想放进别人的脑子里,这叫交流和沟通。

第二,把别人的钱放进自己的口袋。很多人觉得这一点很难,其实只要做好了第一步,要做到第二点绝对不难。真正做过销售的都知道,销售分三步走。第一步,推销自己。如果客户连我们都不接受,怎么会接受我们的产品呢?第二步推销企业。第三步才是推销产品。

做销售最重要的是什么?当然是客户,没有客户一切都是假的。客户分为内部客户和外部客户,其中内部客户更重要。销售的第一个客户是谁?是自己。真正的销售人员都是非常自信的人,所以基于销售的本质、产品和客户，就要求我们每个人都要学会销售，因为我们每天都在做销售这件事。

1. 明确管理的本质

很多人说："在企业我是最基层，连自己都管不好，还能管什么？"管理的本质是什么？是时间管理。每一个人都要学会时间管理。世界上最公平的是时间，不管你是王侯将相还是乞丐，每天都是24个小时，每小时都是60分钟。但每个人取得的成就不相同，这是为什么？因为时间管理不同。

每个人都会把时间用去做自己觉得重要的事情，时间管理的最后就是目标管理。可见，销售和管理是未来每个人每天都要做的工作。

什么是管理者？第一是以管理为职业的人。作为管理者，不单要考虑自己的成功，更要考虑整个团队甚至整个组织的成功。第二是把管理这个职业做得很专业的人。

很多管理者可能都没学过管理学，到底要选择人性化管理，还是选择制度化管理？

世界首席CEO（chief Executive Officer）杰克·韦尔奇（Jack Welch），就是做管理做得最好的人。他是这样做的：下班的时候与员工是朋友，只谈友情；上班的时候是上下级，只谈工作。

什么是管理？两个字：一个叫"管"，一个叫"理"。关键是管什么，理什么。管理就是管事理人，而且是20%的时间管事，80%的时间理人。人是情绪动物，不是任何时候工作都有效，而是最开心的时候工作最有效。所以，管理者要把员工的情绪理好，调动好。

管理者要扮演好三个角色：

第一个角色，为人师；

第二个角色，为人父；

第三个角色，为人友。

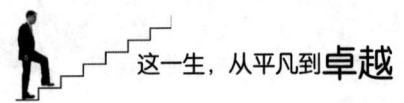

为人师，要传道授业解惑。传道就是教给员工做人的道理；授业就是教给员工工作的技能；解惑就是帮助员工解决工作及生活中所遇到的问题。

为人父，永不抛弃。如同父亲一样，不管儿女怎样，永远都不会抛弃，勇于承担责任。

为人友，永远平等地在一起。要把员工当作跟我们一样平等的人，不要觉得自己高高在上，要了解他们的经历和感受，站在他们的立场去思考问题。

2. 管理者职业化

管理是个非常职业化的工作，今天中国最大的问题就是缺乏职业化的管理者。德鲁克说，中国最缺的就是卓有成效的管理者。第一，管理者要扎根于本土的文化，要多了解一些人性和国学；第二，要学习系统的管理知识，要用80%的时间去理人。记住：理人是手段，最后都是为了把事做好。

管理的使命是什么？第一，帮助一群平凡的人做出不平凡的事。管理者的第一个能力是把复杂的事情简单化，简单到连最平庸的员工都听得懂、学得会、做得到。第二，必须卓有成效。不管是制度化管理，还是人性化管理，最后都要用效果来说话。

在企业中，管理者有且只有两个工作：第一个工作就是做流程。这是所有管理者最不喜欢做的工作之一，也是很多中国企业做不大的原因之一。制订流程，是智慧的积累。什么叫文化？文化就是记录我们过去的成功和失败，把它变成经验，然后来教化后来的人。

管理者最重要的是，把我们做的每件事记录下来，让新员工不再犯我们犯过的错，进来就知道该怎么样去做。何时、何地、何人、做何事、如何做，简单、清楚、明了地表示出来，这就叫作流程。可是中国管理者最不喜欢的就是做流程，最喜欢的就是经验型管理。"你们照着我的样子去做。"换个老板，再来一次，这样的成本是最高的。智慧需要积累。

3. 重流程，懂授权

中国企业的多数问题，就是不做流程。企业成立的第一到第三年，都应该建立基本流程；三年以后，应该做好管理沟通，这也是管理者的第二个工作。管理就是沟通，就是上传下达。企业最重要的就是中层，因为他们是企业的中坚力量。企业高层主要负责决策，基层员工只要执行。上传下达、建立整个流程，应该是中层的事。但很多中层都在做什么？没学过系统的管理，都在用经验进行管理。

管理者最重要、最基本的职责是什么？授权和承担责任。不授权，就只是个员工；员工做错了，我们要为他承担责任。

授权的步骤是什么？授权可以分为5个步骤。

第一步，我做给你看。真正的知识不是教会的，而是看会的。我教你，你很容易被限制；你自己看，才能加深感受。我做给你看，是对学习者负责，也是对自己负责，这代表了信赖感的建立。能够成为管理者，不是因为职位比你高，而是因为让你做的事我们都做得到。

第二步，我教你如何去做。

第三步，我和你一起做。

第四步，你做给我看。做事情、做管理，都可以按PDCA这四个流程做。"P"即做计划，计划要带着员工一起参与；"D"即做执行，要让员工去做，我们监督和支持；"C"即检查，一定要做；"A"即修正，对原来的计划进行必要调整，然后再做计划。

第五步，你教别人做。

招聘或减少员工流失的最好方法是什么？一是让老员工介绍新员工。那老员工凭什么给你介绍新员工？因为物质上有奖励，精神上满意；二是建立接班人制度。要把你从主管提拔到经理，你得告诉我们，谁来接替你的位置做主管？而不至于你走了，整个工作就没人做了。

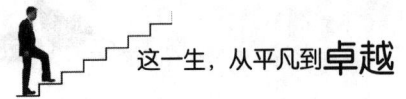

●做好营销

销售最重要的,是不断给客户制造惊喜和意外。管理恰好相反,管理最怕的,就是出现意外。管理绝对不能发生意外,哪怕是意外的惊喜,因为意外代表着管理的失控。管理者一定要学会的能力,就是紧盯。紧盯就是不断检查,千万不要布置了一项工作,到最后一天才去检查。那你得到的只会是后悔。

大师兄对销售的理解也很系统,在"从平凡到卓越"的课堂中,他也曾讲过一些有关的销售知识。古人说,"工欲善其事,必先利其器"。也就是说,做任何事情,都要有方法和手段。不探讨方法和手段,盲目做事,注定不会产生良好的效果。《红楼梦》上说:"世事洞明皆学问,人情练达即文章。"

企业只有两个功能,哪两个功能呢?

一个功能是创新。

管理者最重要的工作之一是把工作做得不一样,为什么?把工作做到最好是员工的责任,因为他们要执行。而管理者要学会创新,要把工作做得不一样。那如何做得不一样呢?就是要把它做到熟能生巧,才能创新。

另一个功能是营销。

企业所有的部门都是现金流出部门,只有一个部门是现金流入部门,就是营销部。销售不等于营销,但销售在营销里非常重要。

大师兄说,销售有三个层次。

第一层次是老板要学的销售。大师兄曾用一道算术题目来检测我们是否达到了老板的水平。

可乐两块钱一罐,可乐公司搞促销,每两个空瓶子可以换一罐新可乐,你手上有六块钱,能喝到多少罐可乐?标准答案是六罐。

接着来说销售,销售的最高水平是什么?是整合销售。整合销售做得最好的是谁?举个例子,手机第一品牌——苹果。苹果跟诺基亚比,渠道不多,资源不多,可帮苹果做销售的都是各大电信运营商。所以,真正的销售是整合销售，整合销售是销售的最高水平。作为老板，一定要把手上的资源充分利用起来。

大师兄推荐了一本书，告诉我们如何做好整合销售，这本书就是《第6罐可乐》。记住，最重要的心态就是"我们手上的资源还是有用的"。

销售的第二层次是什么？就是大客户销售。

销售的第三层次叫作面对面销售，或叫推销。面对面销售和大客户销售最大的区别是什么？二者最大的区别并不是营业额多少，而是采购点。面对面销售很简单，可以面对面跟你做决定；而大客户销售，采购非常复杂，基本上是一个招投标和中标的过程，决定销售的有参谋者、使用者、决定者、付款者，需要一个项目小组。所以，大客户更多的是招投标，而面对面销售才是真正的推销。

关于大客户销售，大师兄建议看两本书。

一本是《输赢》。《输赢》是中国第一本商战小说，开商战小说之先河。该书以两大跨国企业决战中国市场为背景，讲述了双方销售高手争夺银行超级订单，冲刺销售目标的故事。以超级订单的招投标为主线，内容涉及职场斗争、团队建设、销售对决、业务公关、情感纠葛。所有故事在13周内集中爆发，超强的"培训价值"是这部小说独有的特质。但小说属于案例，里面虽然会告诉大家一些关于销售的知识，却不成体系，所以还要看第二本——《输赢之摧龙六式》。

《输赢之摧龙六式》是一本写给销售人员的、操作性极强的专业培训书籍，却像故事书一样生动好看。小说以真实商战为原型，本身就是一个完整的销售经典案例。实战派专家付遥以《输赢》中扣人心弦的故事为背景，巧妙融入了经过实践证明的极为有效的超级销售战法——摧龙六式，让读者在愉悦的阅读体验中，轻松成为销售高手。

在"摧龙六式"里面，它把大客户销售分为了六个步骤，每个步骤都详细说明了开始该如何做、开始的标志是什么、结束的标志是什么、中间该做

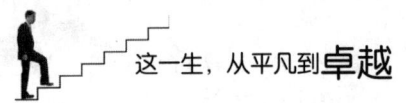

什么、要注意哪些细节、话术该如何改。而且,最后还说出了第七式——销售员管理,这一式告诉我们,销售员该如何做漏斗管理。这本书不是一个人看,可以整个公司看,看完后可以把这六式加到销售体系中。

按照大师兄的讲解,面对面销售,可以分为以下十大步骤。

第一步,准备

准备包括6个方面:企业、行业、产品知识、客户、竞争对手和销售知识。当然也要有体力的准备。要想让自己体力好,就必须做一些体力上的训练。同时,必须对产品足够了解,对顾客足够了解,了解他的兴趣、爱好,便于投其所好。最后,是精神上的准备。

处理重要的事情之前,先静坐5分钟。如果体力准备不充分,别说销售,什么都免谈。有人说,健康是1,事业、财富、婚姻、名利等都是后面的0。对于一个人而言,没有健康这个1,其他条件再多也只是0。而在销售工作中,充分的体力准备就是这个1。

"对产品足够了解"更是无须多言的。在其位,谋其职;干什么,吆喝什么;干一行,爱一行。干好一行的前提就是对这一行有充分了解。而"必须了解顾客"更是关键点!如果不知道对方想要什么,渴望什么,是很难成功地进行销售的。如此,大致可以通过三步来完成成交的心理过程:第一步,描绘客户内心,进入对方的世界;第二步,引导客户,把客户带到他的世界边缘;第三步,将客户带入你的世界,实现营销。准备工作该由谁来做?企业!企业要为员工准备好《新员工培训手册》,里面包括行业、企业、产品、销售知识的介绍,还要包括如何收集客户资料。

第二步,使情绪达到巅峰状态

销售,就是情绪的转移,意志的较量。作为一个销售员,面对客户,如果黑着脸,自己都不相信产品,自己都没有自信,客户只会送你两个字:出去。到客户那里,要带着欢笑,带着信心,带着希望,充满激情地跟客户谈,让客户起码愿意跟你谈下去,因为每个人都愿意跟更积极、更乐观的人在一起。

要让情绪达到巅峰状态，要由企业来做。如何做？举个例子：销售员的管理靠什么来实现？一定是目标管理和绩效管理。手段是什么？一种叫报表管理，一种叫会务管理。真正做服务、做销售的公司，一般都会开早会。早会的目的：第一，要求员工准时出勤；第二，使员工达到最好的状态。因此，早会的时间一定要短，不要骂人，不要想在这时解决问题，早会时间只是用来传达激情。

要想让自己的情绪达到巅峰状态，必须先让自己的肢体达到巅峰状态，因为动作创造情绪。同时，要反复进行自我确认：我是最棒的！我是最优秀的！我是最好的！我喜欢我自己！我一定能成功！

有人把这一套做法称为自我洗脑术，是不无道理的。但洗脑不是一个贬义词。为什么？因为得看洗脑是否正确。错误的洗脑是贬义性质，正确的洗脑自然是褒义性质。再则，这也是一种自我暗示，能够调动潜意识，进而改变自己的行为习惯。

作为积极的心理暗示，其作用不可低估。一句话，当我们对某件事情抱着百分之一万的信心，这件事最后就会变成事实。

第三步，建立信赖感

首先，第一印象非常重要，要注重自己的穿着、举止、气质；其次，要学会倾听，要听出对方真正的意思，从利他的角度进行沟通；再次，要模仿对方的谈话，模仿对方的文字、声音和肢体语言，与对方相似，引起共鸣；最后，要使用顾客见证。

在销售之前，一定要跟客户建立信赖感。因为通常情况下，我们会信任跟自己相同的人，所以会给员工设计几个问题，帮助他们跟客户建立信赖感。而建立信赖感最需要的是做到认同和赞美。赞美很重要，需要注意以下三点：第一，一定要具体；第二，一定要有局部赞美，要确定到具体部分；第三，要给他回应的空间。

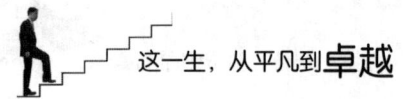

这就需要我们用到"从平凡到卓越"的第三个能力：焦点在外。永远不要把注意力放在自己身上，要把注意力放在别人身上，只有帮助别人得到他想要的，我们才能得到自己想要的。

经验告诉我们，"推销商品之前，先推销自己"是每一位销售员奉行的首要法则。客户都怕受骗，在销售过程中，销售员开始时一定不要说得天花乱坠，更不能在产品成交后置之不理。一般情况，客户很少与来历不明的销售员交易，经验丰富的销售员都会先让客户感到放心，得到他们的信任，随后才进一步展开销售，最终完成交易。这就是销售员在销售商品之前，必须先推销自己的道理所在。

乔·吉拉德曾说："推销的要点是，你不是在推销商品，而是在推销你自己。"这位世界上最伟大的销售员还撰写了一部名为《怎样销售你自己》的著作，来阐述他这一观点。

第四步，了解顾客的问题、需求和渴望

了解顾客先从聊天开始，聊天就是做生意。首先，前20分钟要聊"FORM"："F"代表家庭（Family），"O"代表事业（Occupation），"R"代表休闲（Recreation），"M"代表财务（Money）。其次，聊购买的价值观。所有的销售都是价值观的销售，要彻底了解顾客的价值观。最后，回答问题，问"NEADS"："N"代表现在（Now），"E"代表满足（Enjoy），"A"代表更改（Alter），"D"代表决策者（Decision-maker），"S"代表解决方案（Solution）。企业管理者要收集几个常见问题的最佳答案，让员工背熟，演练好后，面对客户时起码能正确应对。

得到生意唯一的办法是说服对方。说服的方式有许多种，但说服的最高境界是提问，让顾客自己说服自己，做出购买的决定。

销售是问出来的，当理念跟别人不同时，又该怎么沟通呢？理念不同时，首先，要听别人讲话；其次，要赞同别人是对的，即使我们认为他讲的是错的；最后，认真倾听，然后慢慢地开始分享。

沟通不一定要认同，可是沟通一定要彼此分享与了解。了解不一定要认同，可是至少要知道彼此在想什么。之所以沟通效果不好，是因为态度不好；所以要产生新的沟通效果，就要有新的态度，改变态度当然是从自己开始。

第五步，提出解决方案并塑造产品价值

针对顾客的问题、需求和渴望，提出解决方案，同时塑造自己产品的价值。塑造产品价值的方法是，首先给他"痛苦"，然后再扩大"伤口"，最后再给"解药"。一个人还未改变，是因为痛苦不够；一个人还未挣大钱，是因为痛苦不够；一个人还未成功，是因为痛苦不够。要用三句话介绍我们的产品：我们与别人相比优势在哪里？我们能够给你带来什么？能够给你提供什么帮助，未来能够给你提供什么帮助？三句话一定要说清楚。而且，不要说得太专业，要让客户听懂。

顾客购买某种产品，因为产品对他有价值，不买是因为觉得产品价值不够。所以，要先了解顾客的价值观，看什么对他最重要。例如，你认为什么对自己最重要？你最恐惧的是什么？然后按一、二、三列出来。最后，告诉他有个产品符合他上述的价值观。夸张点说，销售就是用一把刀"捅"顾客的心脏，让血滴出来，再告诉对方你有种药，让顾客追着你跑。

这就是最简单、最绝妙的销售方法，也是顾客消费、顾客成交的根源所在。

第六步，分析竞争对手

基于客户需求，找到产品唯一不可替代的优势。货比三家绝对不吃亏，但不能批评竞争对手，那么应如何比较呢？首先，指出产品的三大特色；其次，举出产品最大的优点；再次，举出竞争对手最弱的点；最后，跟价格贵的产品做比较。

分析竞争对手，一定要找到顾客购买的关键点，即对顾客最重要的价值观。世界上没有永远的销售员，没有永远的客户，供大于求时，我们就是销售员；供小于求时，我们就是客户。一定要基于客户的需求，找到产品唯一

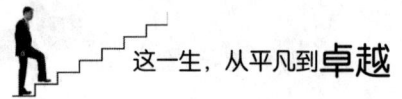

的、独特的、不可替代的优势。

第七步,解除反对意见

反对意见可以利用预先框式法,在顾客讲出来之前解除他的顾虑。顾客的反对意见一般不会超过6条,假如对这6条反对意见利用预先框式法,则极易成交。所有的抗拒点,都通过"发问"来解决。而在发问之前,要学会鉴定问题,不能为了客户的拒绝而不断回答。那如何鉴定问题呢?

很简单,一句话足够:"××总,这是不是您唯一的问题?是不是解决了这个问题就一定会做决定?如果是这样,来,先在意向书上签字确认。放心,签完后我一定帮你解决问题,不解决这个问题,意向书绝对无效。"这时,要清醒意识到,重要的不是他会不会签意向书,而是当你这么说的时候,他一定会说:"不是,我还有别的问题。"这才是真正的目的所在。

有一根大铁杵在锤子的帮助下费尽九牛二虎之力也没撬开那只大锁,焦急之时又瘦又小弱不禁风的钥匙小姐来了:"咔嗒"一声轻轻打开了锁。大家急切地问钥匙小姐她是怎么打开的。

"我懂锁的心,我的办法适合它。"

用到销售上,就是解除顾客反对意见的原则:听懂、摸清、揣摩明白顾客的心,还得让他接受我们的主张。

欢迎顾客提出反对意见,且不以施压的方式让顾客接受我方观点。一旦顾客发现你在强烈地试图说服他,他会下意识逆反式与你抗争来维护自己的尊严。同时,不再提出其他反对意见或干脆迎合你,也不买你的东西,把你推走算完。

老生意人都知道这一句老话:"褒贬是买家,喝彩是闲人。"在我们每天接触到的大量顾客中,如果大多数都能如实地、详尽地、有针对性地"褒"我们或"贬"我们,那说明我们真的找到了我们的潜在顾客,或我们真的与顾客进行了极为有效的沟通和洽谈。

同时，还要坚持处理顾客反对意见的6个策略：

第一，保持理性、中性的推销态度，要留有余地，接纳顾客的批评。

第二，用不带倾向性的、具体的问题提问，要估计顾客反对意见的来源，询问越深入越细，越能引导顾客参与讨论。

第三，不施加过大的影响与压力，要把推销谈判当成双方愉快的事，收放自如，影响顾客的主观需求。

第四，抓大放小，以退为进。

第五，尊重顾客的观点，放松心情，坚信顾客的反对必有道理。

第六，妥协与修正自己的产品或服务。谈判就是互有所失、互有所得、各取所需的过程。

第八步，成交

所有的销售工作都是为了成交，可是很多销售员最怕的也是成交。销售员需要注意的是，很多时候我们不敢提成交是因为对自己没有信心，特别是对产品没有信心，怕客户拒绝。需要谨记的是，任何销售员都没有资格怀疑自己的产品，如果怀疑自己的产品，就让他换一份工作。我们不可能为了收入去销售连自己都不相信的产品，那不叫销售，叫诈骗！选择了这份产品，就必须相信它。

这里给大家介绍六种成交法：第一是测试性成交，也叫作直接法。第二是假设成交——你不卖，但假如有一天你会买，会是什么情况？然后，了解顾客的真实购买原因。第三是二选一成交。第四是使用对比原理成交法，即从高价开始，然后把价格往下降。第五是心脏病成交法，也叫作施加压力法。第六是和尚成交法，也叫作第三方口碑可靠见证法。

第九步，要求顾客转介绍

这一步决定了我们是一个合格的销售员，还是一个卓越的销售员。但大部分销售员连合格都做不到。什么叫作合格的销售员？就是一个客户接着一个客户地开发。什么叫作卓越的销售员？卓越销售员的生意网会越做越大，

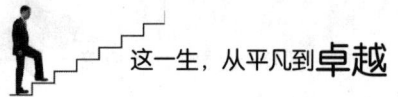

懂得让客户转介绍。

很多人会问:"为什么我要要求客户转介绍?"原因有两点:第一,基于组织战略,基于企业,可制订客户转介绍的政策和优惠。第二,要让客户对你满意。客户什么时候对你最满意?当然是购买的时候,他购买你的产品时是他对你最认可的时候,所以成交之后要让客户跟着我们的思维走,帮我们转介绍。每次介绍不要超过三个人,多了没用,而且,只能介绍跟成交客户层次差不多的。此外,让客户当场给你打电话,才有效。

转介绍是开拓客户的最主要方法。这种方法有耗时少、成功率高、成本低等优点,是销售人员最好用的优质客户扩展手段。同时,这也是一种世界上最容易的销售方式。只要我们能提供客户满意的服务,就会得到转介绍的机会。要求客户转介绍,我们就会得到更多的转介绍。

第十步,售后服务

这一步决定了你是否是一个有良心的销售员。做售后服务有一个秘诀,那就是"与其做售后服务,不如做售前服务"。做服务,要让顾客成为忠诚的顾客,而不仅仅是满意的顾客,因为满意不等于忠诚。

很多人认为,售后服务就是打电话、上门维修。但这些其实只是售后服务中很小、很被动的一部分。真正的售后服务是人们购买商品或服务之后,为客户提供延续服务。也就是在客户的使用过程中,为客户提供的咨询服务,成为客户的顾问,解决客户在使用中的问题。

有一句老话是师傅领进门,修行在个人。古人曾说:"取乎其上,得乎其中;取乎其中,得乎其下;取乎其下,则无所得矣。"可见,高度决定影响力。知道了这个高度,接下来的关键问题就要靠我们自己的日常修炼了。人们经常说,销售就像谈恋爱,如果你能把这十大步骤运用得非常娴熟,你也会变成"销售高手"。

●有效沟通

在一些武侠小说中,会出现一种非常神奇的武功,其神奇之处就在于:不拼外力内功,不拼拳脚兵刃,只需三言两语就能伤人。当然,在现实生活中,语言不可能成为一种武功,然而它揭示了一种新的认知:沟通具有神奇的力量!

沟通是最容易的事,也是最难的事。说它最容易,是因为三岁的孩子也会说话;说它最难,是因为最擅长辞令的外交家也有说错话的时候。

周先生到外地出差,结账退房时,服务员说:"先生请稍等,我们要到房间检查一下,看您是否损坏或丢失酒店的东西。"听了这话,周先生很不高兴,跟服务员大吵起来,甚至要投诉她。

同样的情况,在另一家酒店,服务员说:"先生请稍等,我帮您看看房间里是否落下东西。"听了这话,周先生感到很舒服,觉得服务员说话很有技巧,既顾及到了自己的面子,又让人非常受用。

可见,作为人际交往的重要手段,必须练好沟通技巧。

世界上所有的问题,都是人的问题。既然是人的问题,就一定有办法解决。但有些问题总是没有办法解决。为什么?因为人们不懂沟通。

其实,沟通很简单,就两个字:一个是"听",一个是"说"。那么,问题来了,是"听"比较重要?还是"说"比较重要?显然,应该是听比较重要。因为我们有两只耳朵,嘴巴却只有一张。沟通时"听"应该占到80%,"说"只占到20%。

但如果两个人都是沟通高手,都知道听比说重要,那这个时候还怎么沟通?都不说话,都要听对方说,还怎么沟通?于是两个人都变成了泥菩萨,你望着我,我望着你,何谈沟通?因此,虽然听比说重要,但要将说放在前面。

沟通分为发问、聆听、区分、回应几个步骤。

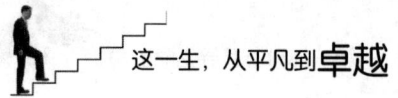

沟通的第一步是发问。

只有问对问题，答案才能呼之欲出。很多时候，对方不是不想配合你，而是你问的问题太差，甚至很多问题还自相矛盾。学会了正确提问，答案自然就会出现。

而发问的问题分为多少种呢？答案是 N+1 种。

在普通的沟通中问题分为两种：开放式和封闭式。

开放式问题的答案不止一种，有 N+1 种。封闭式问题的答案，只有 Yes 和 No 两种。

开放式的问题用于沟通的前期。它的目的是用来收集信息，建立信赖感。那些真正的沟通高手，在跟人谈业务的时候绝对不会刚开始就谈产品，他会跟对方进行各种闲聊，不仅增进了解和感情，同时寻找各种各样的共同语言。

当然，开放式的问题也不是一顿乱问，而是有一定的公式。"FORM"的公式是很多人在与客户沟通时都需要用到的，通过询问客户在家庭、工作、休闲和预算上的问题，来与客户建立起良好的沟通环境，掌握基本的信息和资料。

封闭式的问题用于沟通的后期，用于达成共识和促成交易。如果要达成共识，就一定不能问让客户回答 No 的问题。如果客户总回答你 No，那成交的概率基本为零。所以，封闭式的问题一定要问回答为 Yes 的问题。

作为管理者，请把这些内容设计成企业的问题。例如：了解对方家庭状况。他们家有几口人？他到底是买越野车还是买 SUV，还是买简单的轿车？设计 3—5 个问题，让销售人员去问就不至于乱。将希望全部寄托于员工的自我发挥，是不现实的。员工在努力之前，一定要有相应的工具和培训。同样，工作也是如此，要把所有的维度设计 3—5 个问题，而且跟你的产业息息相关，最后变成企业的流程，并且要求每个销售员都要背熟。

沟通的第二步是聆听。

既然对方已经发问，就要好好聆听对方；不仅要听完整，还要做完整的记录；聆听时要放下所有的评价，用心去聆听，刚开始就想很多，是没有效果的。

沟通的铁律，就是绝对不要在情绪中沟通。如果发觉沟通对象在情绪中，请暂停沟通，此时唯一要做的是安抚对方的情绪。可人往往最笨的就是老想在情绪中把话说清楚，其实是说不清楚的。中国有句老话：相打无好手，相骂无好口。伤害你最深的人，永远是最了解你的人。

沟通的第三步是区分。

在沟通中，还有非常重要的一点，就是区分"事实"和"真相"。例如，两口子吵架，老婆叫老公滚出去是事实，但老婆生气了才是真相。如果要解决这个问题，那首先老公得让老婆顺了这口气，然后才能再谈别的。一般沟通和管理沟通，都要学会区分这种情况。

还有一种区分，就是关于"正常"和"福气"的区分。什么叫正常？人生中所有发生的事情，不如我们所想的就叫正常，因为你不是神。生命中所有发生的事情，如我们所想的就叫福气。例如，我们现在身体健康就叫福气。而人吃五谷杂粮，哪能不生病？所以生病就是正常。这是你的身体提醒你要锻炼保养了，最可怕的是那些从来不生病的人，也最危险。

那客户购买是正常还是福气呢？客户购买其实是福气，客户拒绝才是正常。所以，当客户购买了产品的时候，要深深地感恩，不要觉得是理所当然。另一半爱你也是福气。因为他和你一样，从小是被爱包围着长大的，哪懂得爱别人，所以他爱你是你的福气，要珍惜。而他不爱你是正常，因为你们都没有学会去爱对方。要想经营婚姻，一定要学会区分"正常"和"福气"。

管理者应该记住一点，管理者永远只能基于事实进行沟通。但管理者永远要看到真相，否则你连你的企业怎么垮的都不知道。因此，管理者必须学会的第三个能力——区分，在管理中要区分事实和真相，在人生中要区分正

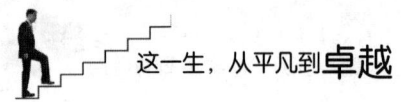

常和福气。

封闭式的提问,要提回答一定是Yes的问题,设计得也一定是最简单的问题,要让客户一听就能懂。千万不要让客户去想,一旦客户去想就开始有理智了,就容易拒绝。要用最简单的问题,说出你的企业是做什么的。

以前有个非常不错的老板,是做可口可乐玻璃瓶包装的。这种企业最大的问题是:第一利润不高,第二产量受到限制。可口可乐生产多少他就做多少,老板想扩大自己的业务规模,所以就去找全世界最好的管理咨询顾问——现代管理学之父德鲁克做咨询。

花了几十万元的学费,结果德鲁克就问了一个最简单的问题:你是做什么的?

他说:我给可口可乐做玻璃瓶包装的。

可德鲁克再问:你到底做什么的?

他继续回答:我给可口可乐做玻璃瓶包装的。

德鲁克继续问:你究竟是做什么的?

这位老板都快哭了:我真的是给可口可乐做玻璃瓶包装的。

德鲁克说:回去,你没想明白,想明白再来。

老板回去后就去学MBA、EMBA等各种课程,两年后再次来咨询德鲁克。

德鲁克还是那个问题:你是做什么的?

这回他认真思考了之后回答:我是给所有液体饮料提供保鲜包装的。

提问的能力往往决定了销售能力的高低,同时,也是销售成交的关键点。问对问题,问对核心及潜在的问题,往往能让自己以最快的速度了解顾客的痛点,实现成功销售。

沟通的第四步是回应。

也许有不少的人都曾经有过这样的体会,明明自己告诉对方其不足的地方，对方却不接受，还很生气、很抗拒，自己都不知道该怎样处理这样的关系，所以搞到自己都不敢回应。这恰恰说明，我们还没有弄清楚究竟什么是回应。

"回应"就是出发点是为了帮助和支持对方，给予对方真实的、有建设性的信息。回应的方向是真诚的、明确的、负责任的和即时的。每个人都有自己的盲点，获得更多的、客观的和有价值的回应，有助于明确要改善和提升的地方，并制订具体的、有效的行动计划。

回应是此时此刻真实的感受，而不是对错与好坏的标准，更不是对好坏对错的批判，这是客观反映真相的基础和条件。所有的回应都是源自于自己的体验，而不是批评和指责。沟通的意义在于得到对方的回应，所以在沟通当中重要的不是我们说了多少，重要的是对方接收到了多少。

当一个人很需要支持和爱的时候，当一个人在感情上受到挫折时候，当一个人内心受到打击脆弱的时候，当一个人在事情失败后一蹶不振的时候，这时候给予对方爱和关心也是一种回应，这种回应要比任何一种回应都充满能量，当收到你的这种回应的时候，对方是感动的，是内心充满幸福和暖意的。

所以，问题问对了，很多收获就在那里等着你。

第二部分
以己为师,做最好的自己

第二部分
以文化为载体，对自我的发现

第四章　重估"人"的价值

●一个人可以改变世界吗

一个人可不可以改变世界？这个问题挺大，也不太好回答。大师兄是怎么说的？他的说法是重要的不是我的问题，而是你的回答，因为你的回答决定了你的一生。一个人可以改变世界，关键是，你是不是改变世界的那个人？

《易经》是中国古代一本充满智慧的书。《易经》讲第一卦乾卦的话是什么？"天行健，君子以自强不息。"大师兄说：天行健，作为老板，就应该自强不息，要为了目标不断奋斗，永不放弃。想想看，自己是不是一个适合做老板的人？用毛主席的话说，就是"与天奋斗，其乐无穷。与地奋斗，其乐无穷。与人奋斗，其乐无穷"。所以，毛主席的一生是奋斗的一生。

在英国最古老的建筑物威斯敏斯特教堂旁边，矗立着一块墓碑，上面刻着一段非常著名的话：

> 当我年轻的时候，我梦想改变这个世界；当我成熟以后，发现我不能改变这个世界，于是就将目光缩短了些，决定只改变我的国家；当我进入暮年以后，我发现我不能够改变国家，我的最后愿望变成了改变我的家庭。但是，这也不可能。当我躺在床上行将就木时，我突然意识到：如果刚开始我仅仅改变自己，有可能改变家庭；在家人的帮助和鼓励下，我可能为国家做一些事情；然后，谁知道呢？甚至可

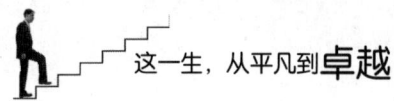

能改变这个世界。

每个人的背后都有不为人知的故事,不要轻易评价任何一个人,因为你对他人的过往并不了解。有些人表面上看着光鲜亮丽,背后却不知道经历过什么。也许当你在睡觉时,人家正在灯光下奋斗。冰冻三尺,非一日之寒!别人怀疑你,只能说明你还没强大到让别人相信你,倒不如保持沉默,提升内力,积蓄能量。

苹果公司联合创始人史蒂夫·乔布斯(Steve Jobs)曾说:"活着只为改变世界。"如今,他虽然已经离开,但 iPhone X 一经上市,瞬间就掀起了抢购热潮。他那持续不断的创新力、对艺术与技术融合的狂热追求,到现在都一直指引着信息产业的发展方向。

乔布斯带给世界太多礼物,不仅改变了人们使用电脑的方式,也改变了我们听音乐的习惯,还改变了电影"造梦"的方式。他助力世界进入移动互联网时代,为人类留下了一种新的生活方式,这种创新精神足以成为后人的典范。

在梦想面前,所有的困难都是微不足道的。不管出生如何,后天的努力都非常重要。与其怨天尤人,不如奋起直追。每天进步一点点,一年或十年,回头再看,差距就会很大。一切皆有可能,不怕做不到,就怕不行动。

心念的力量非常强,你认为自己是一只雄鹰,你便是一只雄鹰。因此,不管处于何种境地,都不能放弃梦想,即使失败了一百次,也要再多尝试一次,说不定下次就成功了!

●卓越的真谛:要改变世界,先改变自己

有位哲人曾经把世间的人分为 5 种:

第一种人创造世界,他们被称为神或圣;

第二种人改变世界,他们成为人杰;

第三种人适应世界，他们成为智者；

第四种人对抗世界，他们变成莽夫；

第五种人埋怨世界，他们沦为庸人。

我们很难界定一个人属于哪种，毫无疑问的是，大多数人都想成为前三种人，但成功的人很少。因为，太多的人最初都有着改变世界的梦想，随着时光的流逝，他们不仅没有实现改变世界的梦想，还不幸被世界改变。他们为什么会失败？因为他们只想着努力去改变世界，却从来不知道，改变世界的第一步要先从改变自己开始。

一个人什么时候才能改变自己？这是一道开放式问题，答案也五花八门。

现实生活中，有的人总憧憬明天的美好，却不愿通过实际行动去改变自己；有的人总在批驳现实的残酷，却从来不愿意付出些许努力；有的人每天都在抱怨成功的机遇太少，却从不愿意先让自己去适应社会。这样的人最终只能在改变世界的空叹中碌碌无为，沦为庸人。

其实，这个世界很好，可能只是我们很糟。当我们在行动中深陷不如意的环境时，当我们在改变世界的道路上遇到困难时，最好的做法就是及时寻找新的道路，改变那个糟糕的自己。正如音乐之王舒伯特所说"只有能安详忍受命运之否泰者，才能享受到真正的快乐"。改变外部的大环境非常困难，相比而言，改变自己显得容易得多。如果我们能够通过改变自己来获得更好的运气，那么，我们为什么非要费力地先去改变世界呢？对于初涉职场、心高气傲的年轻人来说，尤其需要铭记这一点。人如水，社会如盛水的容器，当我们妄图以自己微弱的力量去改变这个社会的规则时，往往无功而返，而当我们着力改变自身时，却可能遇到更幸运的自己以及更好的世界。

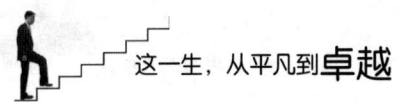

●佛家两大智慧：觉察与觉醒

改变的目标是什么？为什么想改变？赚钱、成功……

很多人感到疑惑：难道我现在不是做最好的自己吗？我很享受我的生活，也很满意我的状态呀。大师兄认为，改变只有一个目标，就是做最好的自己，这里有两层意思。

一层意思是，是兔子就不要跟乌龟比游泳，是乌龟就不要跟兔子比赛跑，因为人贵有自知之明。"知人者智，自知者明。"这句话说起来很容易，其实做起来并不容易。很多人对成功只有一个定义，这会让他们这一生都在成为另外一个人。

另一层意思是，是兔子就必须是跑得最快的兔子，是乌龟就必须是游得最好的乌龟。这叫什么？不负此生！生命只有一次，每天都不可回头。可是，很多人每一天有没有成为更好的自己。

如何改变自己呢？第一步叫接受，首先要知道自己是"兔子"还是"乌龟"，然后接受自己。而要做到"接受"，就要具备佛教最著名的两种智慧——觉察和觉醒。

说到佛教，很多人会想到佛陀释迦牟尼。释迦牟尼最重要的一种智慧是什么？觉察。很多的人看到这两个字时都可能会有些懵，不明白什么是"觉察"。什么叫作觉察呢？接受自己第一个非常重要的力量——佛陀的力量，就叫觉察，就是不管我们此刻在做什么事情，都有另外一个我，在看着我们做。这代表的是绝对理智的力量。而觉察的力量，对于学习和成长而言，是极其重要的。

"从平凡到卓越"是3天4晚的课程，可是我们人的习惯是20多年、30多年、40多年甚至更久的时间形成的。有没有可能通过3天4晚的课程就能改变呢？绝不可能！但是，当我们具备了觉察能力的时候，就是知道此刻自己在做什么的时候，其实改变就已经开始了。

每个人都应该善用这个智慧。例如，同事指出你的过失，说你没有把工作做好，这时要观照自己，有没有辩解？为什么会辩解？对这件事有没有什么看法？你认为他说的是不对的吗？你认为自己没有错吗？你是把"对""错"绝对化，还是承认他看到了部分事实，但认为他的观点虽然出于善意可表达得过分直接了？而事实的真相是无法用二分法的"对""错"判断的。当你不再用"全对""全错""你错""我对"的狭隘观点来看待事物，而以整体宏观的视野看待事物时，那你就拥有了智慧！

佛教的第二种智慧是什么？觉醒。觉醒这种智慧以济公为代表。济公也叫济癫，喜欢做惩恶扬善的事情，是历史上有名的"疯癫和尚"，也被称作"活佛"。人有四种情绪：喜、怒、哀、惧。对，是惧，不是乐，是恐惧的情绪。这四种情绪里面，我们比较喜欢哪种情绪的力量呢？当然是喜的力量。所以，我们每天都告诉自己：我是最棒的！我是最好的！我是最优秀的！

大师兄认为：愤怒会让我们保全自己的位置和利益，哀伤会让我们远离痛苦，恐惧会让我们学会放弃。"喜怒哀惧"四种情绪都代表着力量，对于我们的生命都非常重要。济公就非常清楚这四种情绪的力量和作用，所以经常利用这些情绪来惩恶扬善，这就是觉醒的智慧。

每一个生命都有觉醒的能力，只是领悟力、观察角度和层面有所不同。但是因为领悟力、观察角度和层面的不同，结果就有很大的差别。宋代禅宗大师青原行思（靖居和尚）提出参禅的三重境界：第一重境界是"看山是山，看水是水"；第二重境界是"看山不是山，看水不是水"；第三重境界是"看山还是山，看水还是水"。这三重境界也反映出人生的三种境界。从上可见，觉察与觉醒对事物的体会有层次深浅的不同。觉察是重于事相上的觉知，而觉醒是从表相的观察进而有更深一层的觉悟。因为"觉"有深浅不同，继而产生的智慧，也相对不同。

人类本质上都想要从所有资讯里，理解并整理出一个自己能够了解也能积极参与的世界，然后再去说明、解释这个世界所有的现象。这样的本能、

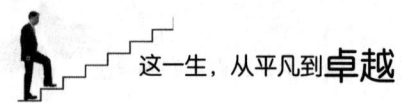

这种了解与洞彻,我们称为洞察。洞察是一种顿悟、一种很客观的察觉。"觉醒"是一种复苏,换句话说,它是一种内在的世界,也是情感的、感官的、情绪的世界。

如果在这两个领域里无法做到全然,那么无论走哪一个方向,都会很危险,因此在开发生命潜能这个领域里,我们将洞察与觉醒都视为觉察的主要途径,同样地重视它。一个人如果只有觉醒,不停地复苏于自己内在的世界,不停地与自己的情绪搅在一起,而且将它不停地呈现出来,必然会干扰到许多人。只重视觉醒而忽略了洞察,就有可能成为一个非常情绪化、歇斯底里的人;而这也可能使自己陷入一个更不利的成长环境,招来更多的阻碍,在自我成长的路上碰到更多伤害、更大的挫败。同样,如果只重视洞察,很可能就像某些人学禅,到最后却成为"枯禅",最终只剩下理性和头脑,变得没有生机,没有感情。

禅是充满生机的!我们并不是要离开这个世界去独自修行生命潜能这条路,而是要一面享受作为一个人的生命乐趣,另外也要在所谓的"关系"里,不停地觉察自己,用"我是一切的根源"这个观念,对所有的结果、所有外缘的刺激有所回应,去探索在我的生命里,我自己的反应模式到底是什么。

记住:在生命潜能的旅途中,觉醒与洞察同等重要!

●世界上最大的秘密:心想事成

众所周知,人的一生是由自己的行为决定的,有什么样的行为就有什么样的人生。而人的行为又受控于人的意识,有什么样的意识就有什么样的行为。大家都知道,意识可以分为表意识和潜意识。表意识大约占10%的比例,潜意识大约占90%的比例。如果以冰山做比方,表意识只是水上冰山这一小部分,而潜意识是水下冰山这一大部分。可以这样说,是表意识控制着人的行为,而潜意识又控制着表意识。可见,潜意识的作用是巨大的。

一般而言，潜意识形成的时间是3—6岁。也就是说，3—6岁的成长经历基本上决定了我们这一生。一个人一生所犯的错误，大多是在重复他3—6岁这一阶段所犯的错误。3—6岁不负责任，长大了很有可能缺乏责任感；3—6岁时性格胆怯，长大了一定胆怯。而绝大部分人不自信的原因，就在于在他们3—6岁的时候，父母给的认同和拥抱太少。那么我们要改变，应该从哪里改变呢？当然是从潜意识。

既然行为的90％以上是受到潜意识的影响，因此无法利用这种力量的人，都生活在一个极为狭隘的范围里。一定要学习给潜意识输入正面、积极的暗示。

那么潜意识的具体特征是什么呢？

特征一：能量巨大

潜意识会激发潜能。关于潜能，我们有句老话：人的潜能是无限的。

特征二：喜欢带有感情色彩的信息

在我们的潜意识中，情绪对我们的影响最深。潜意识最容易吸收带有色彩的信息。情绪的波动起伏越大，就越容易被接受、吸收、贮藏。

比如，受到朋友的赞美、老板夸奖，我们会特别高兴，潜意识会想要记住这一份感觉。

特征三：不识真假，唯命是从

你的潜意识不会辨别你的想法是好是坏，是正确或者不正确的，但它会根据你的想法，或是暗示的信息，一律遵照执行。如果你给予它错误的提示，它也会当作正确的，并展开行动，将它们变成现实。

比如，家长长期否定孩子，孩子的潜意识会接收这些负面信息，并当真。

又如，现在绝大部分小孩是独生子女，深受父母宠爱。可很多父母犯的错误是什么？他们没有学习过做父母的知识，甚至还没有做好做父母的准备就已经做了父母。就好像很多管理者没有学过系统的管理就做了管理者，就

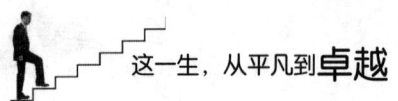

会采用经验型管理，用在家庭教育上就是我们的父母怎么对我们，我们就会怎么对小孩。

特征四：易受图像刺激

潜意识分不清是人们亲自经历的景象，还是自我想象产生的图像。假如反复地输入图像，潜意识就会自动带你走向图像所显示的场景中。

特征五：记忆差，需强烈刺激或重复刺激

强烈刺激会带来刻骨铭心的感受，容易在潜意识中留下深刻的印象。重复一个信息目的在于形成习惯，而习惯就是潜意识中最常见的表现形式之一。

比如，我们重复练习用吉他弹奏一首歌，习惯后，基本不用思考就能完成。

特征六：放松时，信息最容易进入潜意识

紧张时，是潜意识在工作。

或许我们曾经有过这样的经历，考试时，突然卡壳，脑子一片空白。等到考完试，潜意识开始悄悄吸取关于考题的各种信息，加工，处理，脑海会突然闪现正确答案。

当我们想发挥潜意识的作用，集中意志力，进行逻辑思考时，潜意识可能会跑出来捣乱。于是，本打算上网查阅资料，后来就变成浏览娱乐新闻。一不小心，我们可能就沦为潜意识的奴隶。

世界上最大的秘密是什么？是心想事成。想让这个世界怎样，你的世界就会变成怎样。

这里，还涉及一个吸引力法则。2006年，美国PrimeTime公司推出了一部名为《秘密》的纪录片，该片堪称成功学、财富学的经典之作。《秘密》中所揭示的秘密就是吸引力法则。这部纪录片帮助不少读者寻找到属于自己的财富，实现自己梦寐以求的成功。

吸引力法则早在万古之初就开始存在并运行了。公元前3000年，它就

被记载在了翡翠石板上。随后,这个法则通过各种形式被记录下来并流传了好几个时代。历史上一直有许多人觊觎这个法则,也有许多人试图让世人知晓这个秘密,但是当知道这个秘密的人在自己取得成功以后,就立刻将秘密隐藏起来。然而,不管他们如何隐藏,这个秘密都一直存在并且被继承了下来。

吸引力法则早就存在,只是有的人意识到它的存在,而有的人意识不到而已。一直以来,它都在影响着我们每个人的命运。意识到的人根据吸引力法则行事并取得了成功,但有些人把吸引力法则用在了反面,从而导致了失败。

早在20世纪初期,美国一些心理学家就证实了吸引力法则的存在。在这一领域,很多研究者都是当时声名显赫的成功学家、心理学家、思想家等。在这些人物中,最神奇和出色的莫过于查尔斯·哈尼尔(Charles F.Haanel)。查尔斯·哈尼尔在《硅谷禁书》等系列著作中揭示的最核心的一个思想就是吸引力法则。

为什么说世界上大约96%的财富都掌握在1%的人手中?因为这1%的人熟知并善于运用这个秘密——吸引力法则。也就是说,心想事成是有根据的,只要不停地将你想要得到的成功默念在心,然后采取行动,成功就会到来。

吸引力法则可以简单定义为"关注什么,就吸引什么"。意思是,你所关注的事情最有可能出现在你的生活当中,也就是你的意识和想法会吸引那些你所关注的事物。比如,我们每天7点按时醒来,可是如果第二天有事,我们想5点起床,于是第二天即使没有设置闹钟我们也会在5点起床。

日本首富孙正义的成长经历说明:如果我们带着信念和梦想上路,吸引力法则就会发生作用,成功就可能更容易到来。

孙正义两三岁的时候,他的父亲一再告诉他:"你是天才,你长大以后会成为日本首屈一指的企业家。"

在孙正义6岁的时候,他就这样跟别人做自我介绍:"你好,我是孙正义,我长大以后会成为日本排名第一的企业家。"孙正义每一次自我介绍都加上这一句话,直到他后来真的成为日本首富。

孙正义给自己制订的个人蓝图:

19岁,规划人生50年蓝图;

30岁以前,要成就自己的事业,光宗耀祖;

40岁以前,要拥有至少1000亿日元的资产;

50岁之前,要做出一番惊天动地的伟业;

60岁之前,事业成功;

70岁之前,把事业交给下一任接班人!

他是这么规划的,也是这样实施的,并且这位后来的日本首富成功做到了。

吸引力法则并不是"魔法",你肯定不能仅仅通过幻想就得到物质财富,实现个人理想,你还需要实际的行动。但在付出同样努力的情况下,如果你善于运用吸引力法则,那么实现理想的可能性就会增大。

在生活当中,人人都希望自己健康、快乐、富有,可是有时候虽然我们的愿望很虔诚,吸引力法则也没有办法让你实现所有的愿望。但这并不意味着吸引力法则失效了。吸引力法则的作用在于它会增加让愿望变成现实的概率,如果不懂得方法,概率就会下降。

尽量发挥潜意识的作用,遵循吸引力法则,最终心想事成,就是"从平凡到卓越"课程的教学设计和逻辑脉络。

世界总是优劣并存,注意力在哪里,你的心就在哪里。以清净心看世界,红尘的喧嚣就无法动摇你的心;用欢喜心过生活,生活中的不如意就影响不了你的心情。天堂与地狱,只在一念之间!

● "从平凡到卓越"的三重境界与释义

人生有三种境界：最低境界是平凡，其次是超凡脱俗，最高境界是返璞归真后的淡然。

王国维在《人间词话》中说，"古今之成大事业、大学问者，必经过三种境界：'昨夜西风凋碧树，独上高楼，望尽天涯路'，此第一境也；'衣带渐宽终不悔，为伊消得人憔悴'，此第二境也；'众里寻他千百度，蓦然回首，那人却在，灯火阑珊处'，此第三境也"。

第一境界是"昨夜西风凋碧树，独上高楼，望尽天涯路"

这段词句出自宋代词人晏殊的《蝶恋花》，原词是："槛菊愁烟兰泣露，罗幕轻寒，燕子双飞去。明月不谙离恨苦，斜光到晓穿朱户。昨夜西风凋碧树，独上高楼，望尽天涯路。欲寄彩笺兼尺素，山长水阔知何处。"

意思就是"我"上高楼眺望所见更为萧飒的秋景，西风黄叶，山阔水长，案书何达？王国维解释为：要想做学问成大事业，首先要有执着的追求，登高望远，瞰察路径，明确目标与方向，了解事物的概貌。这自然是借题发挥，以小见大。

第二境界是"衣带渐宽终不悔，为伊消得人憔悴"

这段诗句出自宋代的另一位词人柳永的《蝶恋花》。原词是："伫倚危楼风细细，望极春愁，黯黯生天际。草色烟光残照里，无言谁会凭阑意。拟把疏狂图一醉，对酒当歌，强乐还无味。衣带渐宽终不悔，为伊消得人憔悴。"

王国维在这里，已超出了原词相思怀人的情绪。他想说明，对事业，对理想，要执着追求，忘我奋斗，为了达到成功的彼岸，要在所不惜。所谓"书山有路勤为径，学海无涯苦作舟"，就是这个道理。

第三境界是"众里寻他千百度。蓦然回首，那人却在，灯火阑珊处"

这里，采用了宋代词人辛弃疾《青玉案·元夕》中的词句。辛弃疾的原词是："东风夜放花千树，更吹落，星如雨。宝马雕车香满路。凤箫声动，玉

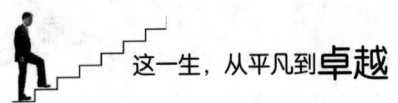

壶光转,一夜鱼龙舞。蛾儿雪柳黄金缕,笑语盈盈暗香去。众里寻他千百度,蓦然回首,那人却在,灯火阑珊处。"

王国维用在此处,是指经过多次周折、多年磨炼后,就会逐渐成熟起来,就能明察秋毫,豁然领悟,这就达到了最后的成功,也就是厚积薄发、功到自然成!

第五章 打破习惯的轮回

●谁在掌控你的人生

我们总是不断地想要改变和进步，参加培训、看书都是为了成长，即使是被逼迫而来的学员，也不会停下学习的步伐。一场培训，有的人可能受益颇丰，有的人却收获不大。但大师兄给的承诺是学会"问好"和"鼓掌"就能毕业。

当时的学员，都认为他在忽悠人。就像赵本山小品中说的，没事走两步。可是，走着走着，就会走出事来。学员的态度是你姑且妄言之，我姑且妄听之。

大师兄说："在'从平凡到卓越'的课程里面，我们更多的是要求自己'做到'。所以，我会要求大家做一些最简单的行为规范，有哪些行为规范呢？"

关于问好：

大师兄的要求是任何时候上台必须问好。这个是必须的，而且听到问好必须回应：好！很好！非常好！现在许多公司的晨会都会使用这招，为什么要这样做？大师兄有他的理解，中国人讲：人敬我一尺，我要敬人一丈。所以，任何时候上台，都要问好；听到问好，都要学会回应。

中国是礼仪之邦，我们一直在强调以礼待人，如此作为，的确也是应该。但大师兄接下来又抛出问题：这么搞下去，我们会不会变成搞传销的？

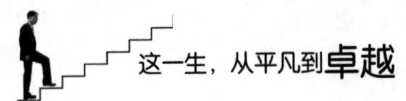

但我们依然要这么回应。为什么？因为生命中最大的智慧叫作矛盾，而生命中最大的秘密就藏在这个问题里。这是我们第一个行为的改变。

关于鼓掌：

每个人都会鼓掌，但标准的鼓掌，知道的人却不多。鼓掌最起码的要求是什么？作为成年人，首先，鼓掌要心甘情愿，是要有良心的掌声。什么样的掌声才叫有良心的掌声？就是鼓掌的时候，把手放在胸口以上，不想鼓掌就不鼓掌，要鼓掌一定是有良心的掌声；其次，鼓掌最起码要超过13下，最好到主讲人示意停止为止。按照国际礼仪，鼓掌最起码要13下。但是国际礼仪不符合中国国情，因为国外的人喜欢讲标准，而中国人讲究活学活用。所以，鼓掌最好是到主讲人示意停止为止。

对于我们的生命而言，什么最重要？身体。那么，对于我们的身体来讲，什么最重要？健康。对于我们的身体健康来讲，什么最重要？通畅。痛则不通，通则不痛。那么，我们身上哪个地方的穴位最多？当然是手上、耳朵上、脚板上。

这里教大家一招，可以一边看书，一边试一下，保证会让你有所收获。具体方法是：不讲话的时候，舌顶上颚，形成一个小周天。鼓掌的时候，屏住呼吸，舌顶上颚，虎口相对，开始鼓掌。鼓几下掌就开始热起来，一下子就充满了活力。也就是说，我们鼓掌不仅表示礼貌，还表示有良心，也锻炼了身体。

成年人的学习，最重要的不是思维的改变，而是行为的转变。这句话是大师兄在"从平凡到卓越"的课堂里说得最多的几句话之一。在信息爆炸的年代，越来越多的理论在影响我们的思维，真正得到的知识却很少，原因就在于我们没有真正采取行动。

● 习惯、信念、行为、结果之间的关系

如果说生命是一个结果，那么生命中是什么决定了结果？问题的答案，

相信很多人都能说得出来。如果反推,决定结果的就是行动,行动决定着结果。

那么,什么决定了人们的行为?思维?想法?大师兄使用了一个专业词汇,叫作"信念"!一个人的思维、想法、信念决定了他的行为,而个人的行为又决定了最终的结果。

那么,什么决定了信念,决定了思维?思考一下,在现实生活中,如果要给思维加一个定语是什么呢?答案就是习惯,习惯性思维。所以,人生的轨迹应该是,习惯决定了信念,信念决定了行为,行为决定了结果。

如图1所示,一个小圆一个大圆。在两个圆的中间是每个人自己。首先决定人一生的叫作结果,画一个1/4出来。决定你们结果的是你们的行为,在结果逆时针1/4处写上行为。你们的信念、思维又决定你们的行为。在逆时针1/4处,再写上信念。决定信念的当然是习惯。那么什么决定人们的习惯呢?看到了吗?就是结果。

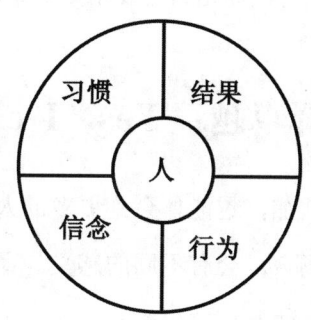

图1 习惯、信念、行为、结果之间的关系

第一,需要明确的是,没有人能对自己生命做出判断,同样没有人可以评价他人的生命。

第二,要不断拓宽自己,接受自己的过去。很多人这一生都在不断地努力、不断地奔跑,却像在笼子里面奔跑的小白鼠,不断奔跑,也只是一种轮回,在习惯与结果中轮回,用习惯来影响信念,用信念来影响到行为,用行为影响结果,结果反过来又影响习惯……不断轮回。

最可怕的是,不是这一生,而是整个家族,生生世世都在重复着这个轮

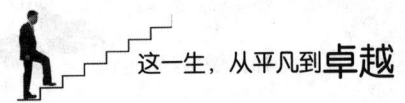

回。举例说，孩子出生在父母离异的家庭，对婚姻就会有不同的看法。当孩子长大以后，很可能就会将自己对婚姻的理解带到他的小家庭，甚至还可能影响到他的孩子。如果这个孩子终于在某一天觉察和觉醒了，回过头去看，父母为什么离婚？他终于发觉，竟然是因为他父母的父母也离婚了。祖祖辈辈都在这个因果里不断轮回，所以说轮回苦短。

如何打破这个轮回？方法有很多种，比较著名的是西方称之为"行动成功学"，认为强者让行为控制思维，弱者让思维控制行为。也就是，当我们真正改变自己行为的时候，行为就可以反过来影响自己的思维。就好像我们大笑的时候眼泪很难流下来；我们跳动的时候，我们的心不会太沉寂。而我们东方讲的是信念和习惯，对我们影响最深的是习惯。

习惯之所以能够束缚我们，是因为我们给了它束缚我们的力量，如同大象脚上的铁链。记住一个事实：真正能阻碍一个人从平凡到卓越的不是习惯、不是信念、不是行为，而是自己要不要真正去追求卓越。

●让生命选择卓越："Yes，I can"

随着人生阅历的增加，越能体会到更多的人生真谛。同样一段话，同样一个故事，在不同的场合，会有不同的感受。最关键的就是要应景，因为应景的东西有着巨大的感染力。

一天，一只茧上裂开了一个小口，男孩看到这一幕。他认真观察着，蝴蝶艰难地将身体从那个小口中一点点挣扎出来，几个小时过去了，蝴蝶似乎没有太大进展。看样子它似乎已经竭尽全力，不能再前进一步……

男孩看得心疼，决定为蝴蝶提供帮助。他拿来一把剪刀，小心翼翼地将茧破开。蝴蝶很容易就挣脱出来，但它的身体很孱弱，很小，翅膀紧紧贴着身体……

男孩接着观察，期待着在某一时刻，蝴蝶的翅膀会打开并伸展起来，成为一只健康美丽的蝴蝶。然而，这一刻始终都没有出现！可怜的蝴蝶带着孱弱的身子和瘪塌的翅膀慢慢爬行，永远也没能飞起来。

这个男孩并不知道，蝴蝶从茧上的小口挣扎而出，是上天的安排，它要通过这一挤压过程将体液从身体挤压到翅膀，脱茧而出后才能展翅飞翔。

我们祈求勇气，上帝便设置障碍让我们去克服；

我们祈求爱，上帝就指引我们去帮助需要关爱的人；

我们祈求荣耀，上帝就给我们创造荣耀的机会。

从上帝那里，我们没有得到任何祈求的东西，而是得到了所有必须具备的东西。一切都要靠自己，毫无畏惧地生活，直面所有的障碍和困境，充满信心地克服它！

孟子曰："天将降大任于斯人也，必先苦其心志，劳其筋骨，饿其体肤，空乏其身，行拂乱其所为，所以动心忍性，曾益其所不能。"不能简单地将这段话当成心灵鸡汤式的励志格言，如实恢复其本来意义，就会真正意识到上天的悉心安排。每一步都是面面俱到且无微不至，每一步都有其不可揣度的深意。

以下是"从平凡到卓越"的课程内容之一：

第一天课程结束，助教给学员发下来作业本，大师兄开始布置作业。请每个学员在作业本封面上，用正楷写上自己的企业名称和自己的名字。在封面的背面写两段文字：第一段文字是人生的座右铭，就是人生非常信奉的一句格言；第二段文字是人生的墓志铭，就是人生的终极奋斗目标，也就是穷极一生想要达到的理想境界。

冰山，大家都知道吧？在海平面上露出的仅仅是冰山的一角，那可能1/10都不到，而9/10以上是在水下面。此次课程的作业是关于意识的输入。意识又分潜意识和表意识，很多时候人们都处于潜意识的控制下。所以，此次的作业就是关于潜意识输入的作业。

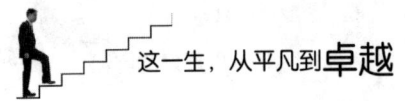

大师兄一边布置作业，一边在白板上写上了几个英文单词：Yes，I can！即"是的，我能！"大家觉得要输入多少遍，才能够使我们有一个足够坚定的信念：碰到任何困难、任何困境，都能像"Yes，I can"一样积极面对？

大师兄的要求是今年的年份是哪一年就写多少遍，上不封顶，最低标准是不能低于这个数字。作业本上面每一行写5个，不空行，写工整。助教会一个一个地数，写得乱七八糟或不清楚的，都不算，只数看得清楚的。没有亲身经历过"从平凡到卓越"课程的人可能无法接受这项作业，但事实上，此刻再留意一下各位同学的表情，大部分都是信心满满，决心完成作业的模样。这个作业再次证明了信念的重要性。

古人常用"头悬梁""锥刺股"来形容读书刻苦用功。对于这个作业，等到真正写的时候，那可是一个"渐入绝境"的过程。那个过程与感受如果用"爬楼梯"来形容的话，再切合不过的了。

从第1个到第500个，就好像爬一幢24层高的楼，从1层到6层的感觉，也就是没什么感觉。刷刷刷刷，完成500个连半个小时都不到。

从501个到1000个，就好像爬楼从7层到12层的感觉。刚开始就有点累了，而且手越来越抖。

从1001个到1500个，就好像爬楼从13层到18层的感觉，麻木。因为麻木，写字已经变成机械运动。

当写到第1501个的时候，就像爬到19楼的感觉，似乎看到了希望。这个时候想起目标，写字也比较有劲儿了。

等到真正写完2019个"Yes，I can"的时候，就像爬完了24层楼的感觉，有一种很强烈的自豪感。一笔一画地写完了第2019遍"Yes，I can"如果把本子合起来，再一页一页地去翻，一种强烈的自豪感便油然而生。如果真正用心，一笔一画地写完了那么多遍"Yes，I can"，再一页一页去翻，你会发现有着完全不同的感觉。这么多个"Yes，I can"是自己在一个晚上写完的，当然前提是你没有用三支笔写，没有用复写纸写，也没有让别人帮你写。

一晚上坚持写完2019遍"Yes, I can"确实有一种成就感。绝大多数中国人一辈子没有什么成就，就是因为缺乏自信。缺乏自信，缺乏安全感。想要成功，就一定要放弃对安全感的需求。因为真正的安全感是在你的内心，只有你自己的自信才是安全感，对外面的东西抓得越牢越没自信。

老鹰偶尔会飞得比母鸡还低，但母鸡永远不会经常飞得比老鹰高。一旦你选择成为老鹰，你有可能被母鸡嘲笑，因为它不知道你选择的是蓝天和自由。所以，要想有所成就，就必须建立自信，放弃对安全感的需求。而建立自信的最好方法，就是不断用小的自信来确定自己大的自信，不断用小的成就感来确定大的成就感。

成功就在拐角处。生命中最难熬的只有那5分钟、5个小时、5个月，只要熬过去，生命将会完全不同。生命中最难熬的时间不会超过五天，你熬过那五天，你的生命将会发生质的改变；生命中最漫长的岁月或者最煎熬的岁月不会超过五个月，能不能熬过这五个月，就是成功者和失败者的区别。但你事先很难知道这个时间段有多长。

●练好做人的基本功

解决了思想意识的问题之后，还要解决行为习惯的问题。所以，要练好做人的基本功。大师兄所讲做人的方法，可谓别出心裁，不同凡响。具体说来就是：一命、二运、三风水、四积阴德、五读书。

"一命"即个念：你觉得你的命怎么样，你的命就会怎么样。

你的命运与你的想法是一致的。为什么？因为这个世界上最大的秘密是心想事成。所以生命中我们一定要学会的最重要的能力是什么？尽心制胜。生命中多去想那些我们要的东西，多跟那些正面的、积极的人在一起，并不

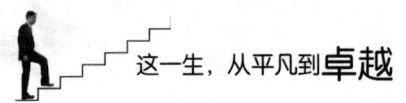

是说这个世界没有黑暗,这个世界有丑陋就有美丽。我们没有必要去关注那些丑陋的,但不是去逃避它,而是决不放弃追求美丽的心。

"二运"即共念:风水轮流转,这个就叫运。

如何来面对运呢?当我们运气好的时候一定要学会乘胜追击,因为人生难得几回搏。可是很多人格局很小,他只注重运气好,小富即安。记住毛主席的那句话,"宜将剩勇追穷寇,不可沽名学霸王"。运气好的时候一定要抓住机会。当运气不好的时候怎么办?《易经》里面有句话叫"潜龙勿用"。什么叫潜龙勿用?就是"我承认你是一条龙,但是你现在还很弱小,应该韬光养晦"。当我们没有机会的时候,要学会去充实自己的能力。一棵树越要长得高,根就越要扎得深;一幢房子越要建得高,地基就越要挖得深。

其实,机会都是别人给的。越多人帮你,越多人祝福你,你的运气就会越好,众人拾柴火焰才会高。越多人诅咒你,你的运气就会越差,千夫所指,无疾而终。

"三风水"即环境、人脉:永远要跟比自己更成功的人在一起。

所谓近朱者赤,近墨者黑。很多人不知道自己的未来会怎么样,其实很简单。想知道你的财富吗?找出你10个最好的朋友,把他们财富加起来除以十,结果就是你未来的财富。也就是说,你的人脉就代表了你的未来。所以,想成功的人,一定要跟比自己更成功的人在一起,这样你才会成长。而失败的人最喜欢跟比自己更失败的人在一起,然后觉得自己好有成就感。

"四积阴德":付出不求回报;不散口德:说话真实,对人有益。

积阴德,就是做好事不留名。可是我们很多人不但不积德,还经常散德。我们最喜欢散口德,喜欢道听途说、东家长西家短等一些鸡毛蒜皮的话。这样的话,每说一句,你的能量就在往下走,因为你在散德。所以,说话要真实,对人有益,缺一不可。

有个人家里生了个小孩,小孩办满月酒,很多人会祝小孩身体健康,越来越可爱。结果有人走过去说:哎,反正是要死的。最后小孩死没死不知

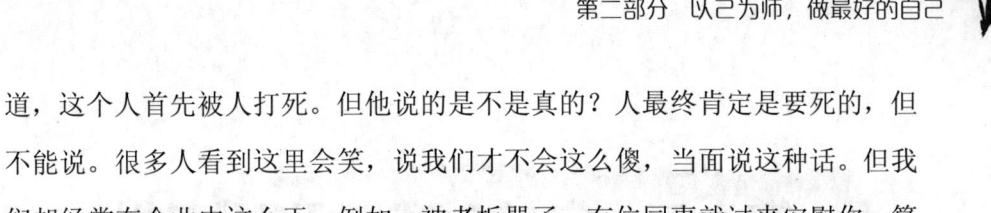

道,这个人首先被人打死。但他说的是不是真的?人最终肯定是要死的,但不能说。很多人看到这里会笑,说我们才不会这么傻,当面说这种话。但我们却经常在企业中这么干。例如,被老板骂了,有位同事就过来安慰你:算了,别跟老板计较那么多,老板就是头猪,一天到晚叽叽歪歪,做不下去了我们就走。当时我们会觉得他很够义气,为了我连老板都敢骂。可是,这对我们成长没有任何的帮助,反而是在纵容着我们的缺点。这种人就叫作职场小人。

所以,千万不要说那些负面的东西,一定要说真实、重要并且对别人有所帮助的话。当你听别人说的时候,你要知道,真正的朋友不是宽容你的情绪,真正的朋友是对你有所帮助的。积德跟能力没有任何关系,不要觉得我们能力不够,无法积德。我们需要明白的是:有时候一句祝福的话,一个笑脸,就是积德。只要你能帮助别人都是积德,根本跟钱没有关系,跟能力也没关系,只跟心态有关系。

"五读书"即学习:学习做人而已。

读书不是职业,读书是爱好。这里的读书,是特别指读圣贤书。圣贤书包括经和传两部分,比如,《易经》《大学》《中庸》《论语》《孟子》《左传》《公羊传》等。读圣贤书所为何事?不过是做人而已。

第六章 完善自我，不断精进

●人生的终极目标：以己为师，做最好的自己

如果说人生是一次从出生到死亡的特别旅行，那么，人生的终极目标就是以己为师，做最好的自己。为什么说是"以己为师"？因为在我们的一生中，没有老师会陪伴我们一生。如果非要说有，那么这个老师就是自己。这也是大师兄一直所倡导的信条"以己为师，做最好的自己"。"从平凡到卓越"和学习一样，也是一生的过程。

每个人对成功的理解不同。相信许多人经常会有这样的感觉：不知道什么才是真正的成功，怎样才能获得成功，人生真正的价值是什么，又该如何实现。人和人之间千差万别，每个人都有自己的选择，不能用同一个标准去衡量所有人是否成功。无论是所处地位与名望的高与低，拥有财富的多与少，只有发挥了自己的兴趣和特长，于社会和他人有益，同时还体验到了无穷的快乐，这就是成功，做到了最好的自己就是成功。

每个人都有成功的机会，标准不同，成功的定义也不同，不要去在乎世俗的模式，只要自己努力去实现理想，并且每天都在向理想靠近，就是成功。成功的标准并不是单一的，社会给每个人提供了不同的舞台，只要在自己的舞台上将自己的价值发挥到极限，无论是令人瞩目还是平凡普通，都是成功。当然，在现实社会中或许每个人都有自己无法实现的梦想，理想和现实永远存在着差距。许多事情是我们无法改变的，我们所能做的就是改变心

态，调节情绪，改变思考方式，不断超越自己，努力让自己的生命燃烧，做最好的自己。

周国平曾经说，学科和技术解决物质的问题，回答了世界是什么样的；艺术解决美的问题，回答了什么是让人愉悦的；只有哲学和宗教，它可能会错得离谱，但一直在试图回答人生意义和内心世界是什么样的。

哲学家帕斯卡尔在他的著作《思想录》中曾经说过这样一句名言"人是被废黜的国王，否则就不会因为自己失去王位而悲伤了"。人，生来卓越，我们每个人的内心都有热爱真理的一面，这就像是国王的皇冠，但是不知道什么原因，出生的那一刻就被贬为平民了，但是内心里还是有作为一个国王的自尊，所以就很难过，要千方百计要找回那份荣耀。当我们在成长中感到难过、失落、沮丧的时候，也正是一个国王因为失去王位的尊严而悲伤的时候。这个时候，就是自我意识觉醒的时候，也是一个人构建世界观、价值观的时候。

中国台湾作家刘墉在《把握我们有限的今生》里面讲了这么一件事。大家知道有些蝉刚开始就是一只虫子，需要在地下生活很长时间，才能变成长着翅膀的蝉飞到树上，在夏天刺啦刺啦地叫。他们从地下爬上来，只有一个月的时间鸣叫，交配，然后就死了。但是他们要在地下待多长时间呢？17年。假如生命有轮回，我们来到这个世界上就像蝉爬到树上，我们在另一个世界要等待多久，才能等来一个轮回呢？按照人活70岁计算，我们要等待14280年，才能换来在人世间的70年。

有首歌叫《千年等一回》，但是我们每个人都等了一万多年。等了那么久，只为了这短短的几十年，只为了这一辈子。

"从平凡到卓越"不在乎你知道多少，而在乎你真正做到了多少、理解了多少，全力以赴地活在当下，去做最好的自己。

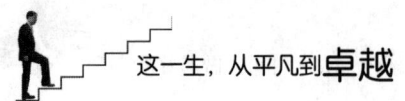

●捷径:熟能生巧,脚踏实地

说到熟能生巧,相信很多人都会想到《卖油翁的故事》:

宋代有个叫陈尧咨的人,射箭一流,非常骄傲。一天,他给大家表演射箭,箭全射中靶心,就向旁边卖油的老翁吹嘘起来。可是,老翁却说:"没什么了不起的,只不过是手法熟练而已罢了。"

老翁拿来一个葫芦,在葫芦口放上一枚中间有眼儿的铜钱,用勺子舀了一勺油,高高地举起、倒下。倒下去的油像一条线一样穿钱眼儿而过,全部流进了葫芦,铜钱上一点油也没沾上。老翁说:干任何事都一样,熟能生巧。

这个故事告诉我们,一个人的精力是有限的。在有生之年,把握自己真正的志趣与才能,并始终坚持,才可能有所成就。

一个中学的篮球队做了一个实验:

水平相似的队员被分为三个小组,工作人员让第一个小组停止练习,自由投篮一个月;第二组在一个月中每天下午在体育馆练习一小时;第三组在一个月中每天在自己的想象中练习一个小时投篮。

结果,第一组由于一个月没有练习,投篮的平均水平由39%降到37%;第二组由于在体育馆坚持了练习,平均水平由39%上升到41%;第三组在想象中练习的队员,平均水平由39%提高到42.5%。

大家可能会感到疑惑,在想象中练习投篮怎么能比在体育馆中练习投篮提高得更快呢?道理很简单,因为在你的想象中,投出的球都是中的!同样,成功者都会在办公室、运动场中不断地锻炼自己,他们会创造或模拟自己想要获得的经历,会模拟成功。

一个人的进取和成才,环境、机遇等外部因素固然重要,更重要的是勤奋与努力。在向既定目标奋进的过程中,用心专一、排除杂念、贯通要领、技艺娴熟,才能快速实现理想中的目标。

●改变世界是一种信仰：乔布斯和他的苹果神话

信仰从来都是一种力量！信仰是人生存在的根基，能够让我们明了生命的真相和宇宙的奥秘。

信仰不仅是唯物的，更是唯心的。只有唯物的信仰，当一切物质欲望都得到满足后，就会走向穷途末路，只有唯物信仰的人是可怕的。唯财是求，最终就会变成葛朗台一样的守财奴，人一定是先有唯物的信仰，然后才有唯心的信仰，如此才能产生永远生存下去的动力和体力。

很多人认为，乔布斯是一个疯狂追求简洁的人，这不仅是他的一种工作方法，更是一种生活方式，一个武器，甚至是一种精神信仰。

1. 直接、坦诚

乔布斯疯狂遵从简洁就是直接而坦诚的。乔布斯不喜欢转弯抹角的东西，而简洁不等同于简单，简洁有时候很容易得罪人。乔布斯跟同事说话时，如果发现了问题，就会立刻打断对方，有时候甚至有点不尊重对方。但这就是他行事的方式。

2. 小即是好

乔布斯认为小团队更高效，如果只有8个人参加会议，会议时间就不会超过半个小时，这就是乔布斯认为的"小即是好"。

3. 少即是好

乔布斯苹果有两个品类，一期产品只有两种，苹果手机就这一种产品不断地迭代。

4. 牢记目标

乔布斯认为，一定要牢记目标。因为，只有将目标作为工作标准，过程才会更加简洁。

5. 寻找标志

乔布斯认为，一定要找到一个突出的标志。例如，他把传统智能手机的

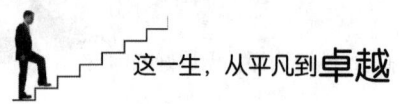

三个按键设计成了一个,这个就成了后来苹果产品最突出的标志。

6. 拒绝正式

苹果公司是一家市值几千亿美元的大公司,每天都会召开很多会议,乔布斯不会参加正式会议,着装上永远都是休闲服,永远都是牛仔裤T恤。这之后也成了乔布斯的招牌标志。

7. 人性化

思考人性,是乔布斯真正的精髓所在。他觉得,人性化才是整个简洁的核心。乔布斯认为,科技是为人服务的,所有的设计都需要人性化,做广告也要遵循这个原则。

8. 不断质疑

乔布斯要求自己:时刻质疑。他认为,只有时刻挑战权威,企业才能创新,才能向前发展。

●"从平凡到卓越"行为修炼:从自己做起,从现在做起

1. 从自己做起,不断打磨

人最大的价值就是自身的不可代替性。有些事情,你不做,外面大把的人排队等着做,不缺你一个;而有些事情,除了你之外,别人无法胜任,如果你还有时间,那就如这句话一样:今天做别人不想做的事情,明天才能做他们做不了的事情。拖延是埋葬自身能力的坟墓,你的过去在虚度年华,可能都是因为拖延导致的,如果你认准了自己喜欢做的事情,那就付出努力,马上行动,不管碰到什么问题都要坚持住,你终将获得成功。

岁月是块磨刀石,个人的才华就是磨刀石上的那把刀,握住刀柄的磨刀人其实就是你自己。只有不停地磨砺自己,不停地给自己淬火,在勤奋的熊熊炉火中锻炼锤打,才华才会凸显,并最终放射出夺目的光芒。

2. 从现在做起，学会放下包袱

天使之所以会飞，不是因为天使有翅膀，是因为天使身上没有包袱。让我们劳累的，不是因为我们走得太久，而是因为我们鞋子里面进满了沙子。所以，当我们走得太久以后，我们会有很重的包袱。学会放下人生中的包袱，人生才会精彩。放下是一种解脱，是一种顿悟，更是生活的智慧。

（1）放下压力。心灵的房间，不打扫就会落满灰尘。蒙尘的心，会变得灰色和迷茫。每个人每天都要经历很多事情，开心的、不开心的，都会在心里安家落户。事情一多，就会变得杂乱无序，心也会跟着乱起来。扫地除尘，就能使黯然的心变得亮堂。把事情理清楚，才能告别烦乱。

（2）放下烦恼。快乐其实很简单，接受现实，对自己说声顺其自然，坦然面对厄运，积极看待人生；凡事都往好处想，阳光自然就会流进心里，驱走恐惧，驱走黑暗。

（3）放下自卑。不是每个人都可以成为伟人，但每个人都能够成为内心强大的人。内心的强大，会稀释一切痛苦和哀愁，会有效弥补外在的不足，让你无所畏惧地走在大街上。相信自己，同样可以拥有靓丽的人生。

（4）放下懒惰。不要羡慕他人的绝活与绝招，不断努力，你也可以拥有。把一个简单的动作练到出神入化，就是绝招；把一件平凡的小事做到炉火纯青，就是绝活。

（5）放下消极。如果想成为成功者，就要做最好的自己。自己的战争，你就是运筹帷幄的将军！不是所有的梦想都能成为美好的现实，但美丽的梦想可以装点出美丽的生活。

（6）放下抱怨。抱怨和泄气，只能阻碍成功向自己走来的步伐。放下抱怨，心平气和地接受失败，才是智者的姿态。记住：抱怨无法改变现状，拼搏才能带来希望。

（7）放下犹豫。认准了的事情，就不要优柔寡断；选准了一个方向，就只管上路，不要回头。机遇就像闪电，只有快速果断才能将它捕获。立即行

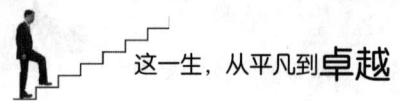

动,成功无限;一时的犹豫,留下的将是永远的遗憾。

(8)放下狭隘。宽容别人,其实也是给自己的心灵让路。只有在宽容的世界里,才能奏出和谐的生命之歌;只有远离偏见,才能创造内心的和谐。

记住:放下的过程,也是得到的过程。紧握双手,里面什么都没有;松开双手,世界就在你手中。这便是"放下"的智慧。心灵的内存有限,只有放下,释放新的空间,才能装下更多新的东西。

第三部分
卓越管理者的成长之道

第三部分

高等教育财政体制改革

第七章 卓越的个人

●每逢大事需静气

"每临大事有静气，不信今时无古贤"是清朝三代皇帝的老师翁同龢书写的一副对联，目的就是要告诉人们，自古以来的贤圣，都是大气之人，越遇到惊天动地之事，越能心静如水、沉着应对。

静气是一种应急的态度，也就是说，在重大事件发生时，不能紧张慌乱，自乱阵脚，应该情急智生或从容应对。生活中，许多人总是为别人的评价而活，被动地死要面子活受罪。有的人则我行我素，走自己选择的路，这样的人往往能成功。

"宠辱不惊，看庭前花开花落；去留无意，望天上云卷云舒"。这就是一种处世态度所产生的人生境界，虽然这种境界很难达到，但在失意和迷茫时细细品味，却能豁然开朗。

宁静才能致远，平心才能静气，静气才能干事，干事才能成事。涵养静气的过程，就是在追求一种平衡，营造一种和谐，积蓄一种底蕴，成就一种境界。在大事面前，得失利害相逼，人们就会加倍担忧、害怕，又或贪婪、失控。

然而，极端的情绪总会轻易取代客观冷静的判断。一个事业成功的人，往往都是能够将情绪控制得很好的人，即不轻易受外界环境影响，时刻保持对事物客观冷静的分析。而一个总受情绪影响的人，常常会带着或好或坏的情绪工作，对事件更缺乏敏锐的判断。一旦慌乱，高压之下必然会犯错。所

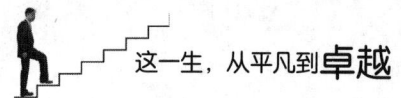

以，越是在重要的大事面前，越需要静气！然而，最内在的自我必定也是最隐蔽的，怎样才能认识它呢？自古以来各种修炼法门都有静修内观的功夫，而"从平凡到卓越"的课程中也有一个方法——静坐。

静坐源于印度，是古印度高僧日常修行的一种方法。现代人对静坐已经有很大的误解了，甚至一听到"静坐"这两个字就有很大的排斥感。静坐并不是什么怪力乱神的东西，也不是为了得到什么奇怪的能力，只是让我们的心能够静下来，让身体更协调的一种方法而已。生活中不免有很多的无力感和迷失感，偶尔的静坐可以让自己重新回到正轨。静坐是为了更好地接触这个世界，可以有更多的参与感。

古代圣贤王阳明曾说："静坐是长生久视之道。"

在人生中，我们一直在忙东忙西，很少有时间来关照自己的感受。显然，我们都在为身外之事而活，却没有为自己而活。人一生的呼吸次数是确定的，但没有决定我们呼吸的长度。当我们拉长呼吸时间的时候，我们的身体和生命将更有质量。如果经常能运用静坐的方法，就会发现自己的身体会慢慢地变得越来越好。时间越长，感受越深。一切学问修为都从静中来，从古到今的各种宗教、各种修炼，他们到底在追求什么呢？显然是要找到那个最本质的自我。

●幸福人生三要素

每个人都想追求幸福，但"幸福"到底如何诠释？什么才是幸福？

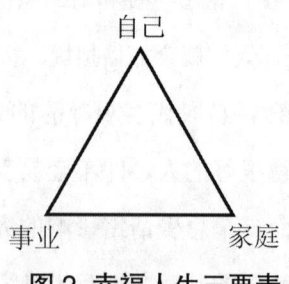

图2 幸福人生三要素

幸福的人生就是个三角形，代表幸福人生有三个要素，如图2所示。这个三角形，就是所有人的目标。

第一个要素是事业

幸福人生的第一个要素叫作事业。难道快乐不等于事业吗？对！因为快乐只关乎自己，而事业关于两个人以上。

大师兄会在课程设置里面挖很多陷阱，一不留神，学员就会跌入陷阱当中，因此一定要保持足够的觉察和觉醒。而"平凡的人看起来很快乐"这句话，就是有陷阱的。因为"看起来"和"事实上"是两个概念。

人老的时候从来不会后悔自己做错过什么，因为再大的错误、再大的伤痛，过去了都只是一种体验，或者换来一个会心的微笑。人老了的时候，只会后悔自己没有做过什么。

多数人的人生都是平凡的，但所有的人都希望儿女不平凡。因为这个世界上，真正的快乐就像美丽的风景，只属于那些真正卓越的人。无限风光在险峰，所有的快乐和幸福只属于那些真正用一生去追求卓越的人。所以，幸福人生的第一个要素叫作事业。

第二个要素是家庭

有一句话叫"男人的感情是事业，女人的事业是感情"。不管男人感情多么丰富，不管多么多愁善感，如果不能给家人起码的物质保障，就是不负责任的。同样，不管女人多成功，拥有多大的事业，如果不能拥有完整的家庭，也是不幸福的。

上古神话说，人生来是雌雄同体的。神认为，这种人太幸福了，就把人劈成了两半，一半叫男人，一半叫女人。所以，找妻子、找丈夫，其实是在寻找另一半自己。找到了，当然会很幸福；没有找到，也要珍惜身边的这个人，因为他（她）代表的是别人的幸福，他（她）也是别人的天使。

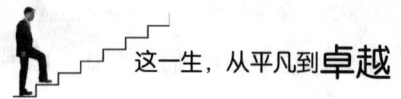

第三个要素是自己

今天的中国人最喜欢自由,什么是自由?第一,财务自由。不需要有太多的钱,但起码不会成为金钱的奴隶;第二,时间自由。不但不会成为金钱的奴隶,还不能一天到晚耗在赚钱上;第三,心灵自由。自由也意味着责任!没有责任何谈自由?

不要问你的企业给了你什么,首先问你为你的企业做过什么;不要问你的家庭给了你什么,首先问你为你的家庭做过什么;不要问你的生命给了你什么,首先问你为你的生命努力过什么。

真正幸福的人生是拥有自己、事业和家庭,这三个要素都要拥有,并且在这三个要素之间要达到平衡。

●学会选择

选择和努力,哪个更重要?我们一生中会出现很多次的选择,每次选择的不同都会带来不同的结果。追逐成功的路上,努力也是不容忽视的因素,但到底是选择重要还是努力重要呢?

一个人的生命是有限的还是无限的?生命当然是有限的,人生不过短短数十载。那追求的知识、财富和目标是有限的还是无限的?无限的。用有限的生命去追求无限的知识、财富和目标,会怎么样?

这时学员开始陷入迷茫。大师兄似乎发现了大家的迷茫,问道:"是要奋斗吗?"紧接着又进行了否定:"其实,奋斗也不过是我们给出的装饰。"用有限的生命去追求无限的知识、无限的财富、无限的目标,古人叫"殆矣",今天就叫作"愚蠢"。

庄子有段名言:"吾生也有涯,而知也无涯。以有涯随无涯,殆已。已而为知者,殆而已矣!"为什么庄子要这样说?他究竟想说什么?我们的一生中,会面临无数次的选择,选择比努力更重要!

什么样的选择决定什么样的生活。今天的生活是由5年前我们的选择决定的，而今天我们的抉择将决定我们五年后的生活。美国哲学家J.E.丁格也说过："命运不是机遇，而是选择。"但大师兄给出的答案是选择和努力同样重要！

女人一生中最重要的一个选择是什么？大师兄说：找一个好男人嫁了。男人一生当中最想要做的（最重要的）选择是什么？当然是选择一个好的事业，然后全力以赴。因为中国有句古话，叫"男怕入错行，女怕嫁错郎"，女人的事业是感情，而男人的感情是事业。

那什么是最适合我们的工作？大师兄没有马上回答，而是用另一个问题引起思考——谁是我们这一生最爱的人？有人说是儿女，有人说是老公或老婆，也有人说是自己。大师兄说："每次听到回答'自己'时，我就会笑，不要逗自己了，如果真正能够做到最爱自己，那我们就是神了。"

事实上，绝大部分中国人都不知道自己想要什么，却知道自己不想要什么。所以每次离职的时候都走得大义凛然，因为这个工作不是自己想要的！可是，进入下一份工作，没几天又会离开。不知道自己到底想要什么，就很难真正去爱自己。每天想的并不是自己"想要什么"，而是"不想要什么"，就像经常说的一句话：看了一晚上的恐怖片，晚上会不做噩梦？

大师兄话锋一转，又用另一个问题进行引导："这一生最爱我们的人是谁？""父母！"几乎所有人都在第一时间给出了答案。但大师兄后面的问题又带来了一片沉默："为什么父母是这一生中最爱我们的人？"因为父母是为我们付出得最多的人。不是我们给父母最多，而是父母为我们付出最多。

如果我们现在已经为人父母，最爱的当然是儿女。不是因为儿女给了我们最多，而是因为我们为儿女付出得最多。如果我们还不是父母，还没有结婚，最爱的人是谁？当然是伤害我们最深的那个"冤家"。

回到最初的问题，什么样的工作才是最适合我们的工作？是通过慎重选择后为之付出最多的工作。

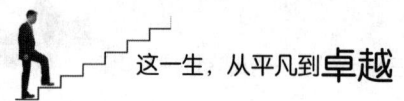

如今,很多年轻人都不明白,总觉得选择比努力更重要,三年不到换了三份工作。问他为什么,他告诉你:因为选择比努力更重要!他一直在选择,选来选去却发现找不到一份适合自己的工作。于是就去了北京、上海、深圳、广州,到了更发达的城市,结果发现:那里的乌鸦更黑!

为什么会这样呢?因为他从来不知道自己为什么而工作,从来不知道"慎重"选择;选择后,同样需要全力以赴,去努力、去付出。所以,在我们的生命中,选择和努力同样重要。

●卓越的领导者

没有完美的个人,只有完美的团队。但是不是所有的团队都是完美的?或者团队只要建立起来就是完美的?显然不能这样看问题。团队之所以完美,是因为经历了打造、锻炼、磨合。

从"平凡到卓越"的培训课程中,设计了很多团队游戏,目的就是增强学员的团队意识,在游戏中体悟打造团队的要点。例如,第一天晚上的毕业游戏——"领袖"风采,就是如此。

想学游泳不要只是看别人游泳,而是自己亲自去游;想要成功不要只是在脑海里想想,一定要自己去实践,去尝试。机会稍纵即逝,不是准备好了才行动,而是在行动中不断总结和完善。"领袖"需要面对未知的世界,等你认为准备好了,机会也就没有了。作为"领袖",我们要敢于跨越人生中的障碍。

简单介绍一个报数游戏,用时最短获胜。具体规则如下:

(1)游戏分组进行比赛,每组人数相同。

(2)每队各选出一名正队长和一名副队长,以竞选的方式,票数高者担任。

(3)正队长做组织,不直接参与报数游戏,输的队由副队长承担责任。

(4)报数部分出现错报、漏报、重报,可以再给一次机会,当第二次错报、漏报、重报,本局本组游戏计分为 0。

(5)游戏惩罚为俯卧撑。第一局:20 个;第二局:40 个;第三局:80 个;第四局:160 个……依此类推。

(6)每一局开始前,给每队不超过 5 分钟的时间练习。

(7)如果当局游戏所有队伍同时计分为 0,则所有队长同时受罚,处罚为实际的两倍。

(8)游戏开始后,除正副队长外,任何人发出任何声音,本局本组游戏计分为 0。

(9)输的队,除了队长做俯卧撑外,还要带领团队向赢的一方说 3 遍"愿赌服输,你们赢了",并同时鞠躬。

(10)第二局依照第一局游戏规则进行,只是演练用时减少,目标要求更高。

这是一场竞赛,而且是一场残酷的竞赛。"领袖"风采也是现实社会的真实演绎,社会中有无数的竞争存在,社会的竞争也是残酷的。这个游戏之所以说它残酷,是因为在接下来的竞赛中有一个胜利者,也有一个失败者,我们用报数的方式决定胜负。

大师兄将学员分成 3 个团队,每个团队正好 24 个人。有了团队,接下来是选队长。每个团队要选出两名队长,一个正队长,一个副队长。对队长的要求是身体健康,愿意为团队承担责任,并带领团队走向成功。而当大师兄将 3 个团队 6 位正副队长请到台前做宣誓时,所有人的内心受到了不小的震动。

"我××在此立誓:我要带领团队走向成功,在此过程中,我甘愿承担所有责任,我甘愿承担所有责任,我甘愿承担所有责任!"

对于管理者而言,责任是必不可少的东西,代表了一个人的品质,没有责任心,不但难以完成任务,更无法赢得别人的信任。

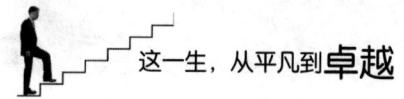

有一个队的正队长是个30岁左右的大哥,外表和善,与人说话总是笑眯眯的。这位大哥是一家上市公司的高管,领导能力不错,在他的带领下,第一局这个队的成绩暂时领先。

第二轮定的目标要高于第一轮,在队长的带领下,这个队以微弱的优势险胜。有个学员站出来想替正副队长做俯卧撑,但被大师兄骂了回去。

到了第三轮,这个队输了。副队长在台前连续做了80个俯卧撑。助教关闭了现场的灯光,只留下一盏微弱的黄灯,映射到台前副队长的脸上。当时的气氛,确实让人感动。80个俯卧撑,对于不常锻炼的人来说,非常不容易。这一刻,谁都无法将这仅当作一场游戏,谁也不会再想让自己的副队长承担责任。

第四轮报数,每个学员都拿出了自己最好的状态,全力以赴。连刚开始比较漠然、不怎么参与的同学,也开始积极加入进来。结果,小队仍然以微弱的差距输了。160个俯卧撑,这个数字对于爱好运动的人来说都是个压力,更别提不经常运动而且刚做了80个俯卧撑的副队长了。但规则就是如此,所有人都必须遵守。

充满正能量的团队,在工作中会拥有毫不动摇的决心,团队成员也会对工作认真负责,并相信自己能够完成任何任务。每个人在内心深处都认同团队的愿景、使命和价值观,就会建立起牢不可破的团队情谊,打造出业绩为王的团队。

在命运的十字路口,会发生什么?我们是选择就此放弃,还是忍痛前行,奔向命运的终点?即使没有胜利的奖牌,尊严和骄傲也将驱使我们一路同行。通往成功的跑道上,只有快慢之别,并无胜负之分。战胜对手,只是人生的赢家,战胜自己,才是命运的强者。

没有强大的个人,只有强大的团队。积极的团队能量可以带给成员积极的力量,反之亦然。因此,要想打造一个好的团队,有些负能量必须扼杀掉。

1. 抱怨

团队里有很多"祥林嫂",他们总爱数落工作和生活中的不满,自怜自艾。每个人都会遇到工作压力,成天抱怨咒骂,即使是安心工作的人,也容易被负面情绪困扰。抱怨是团队中最易传播、辐射最广、最具杀伤力的负能量。陷入负面情绪中,人们就会消极怠工,一个人会传染一个部门,一个部门会传染整个企业。为了大局出发,发现了这样的人,就要立刻辞退。

2. 消极

办公室里,总有人消极怠惰,对企业发展缺乏信心,患得患失。他们的能量比较弱,行动力不高,只能在瞻前顾后中蹉跎了时间和机会。当大伙儿都在为目标奋力拼搏时,他们只会传播出各种忐忑不安、扰乱"军心"的情绪,对于有攻坚任务的团队来说,这种人的威胁极大。

3. 浮躁

左右摇摆的人,急于求成的人,也是企业的负能量之一。社会已经够浮躁了,很多人都想获得成功,想要一夜暴富。在办公室里,急于邀功、做事不踏实的人很容易破坏团队的协作和平衡,也容易影响其他人变得浮躁,而少了脚踏实地的积累。不管是处于哪个发展阶段的企业,此类人都不会受到欢迎。

4. 冷淡

人际关系冷淡,对团队建设有很大的负面影响。其表现为:工作协作中不配合,疏远同事,有意地给同事设置障碍等。不及时处理这类问题,会演变成团队"冷暴力",导致整个团队人际关系恶化,人心背离,影响团队绩效。如果员工在"冷暴力"中遭受打击,无法负荷,就会辞职离开,对公司来说,非常不利。

5. 自卑

有些人担心在团队中得罪人,害怕做错事被领导批评,所以做事畏畏缩

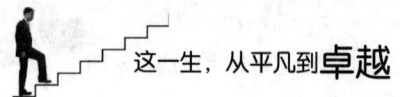

缩，前怕狼后怕虎，什么重任都不敢承担。但在团队协作中，大家更喜欢与自信、有担当的人交往，而老板的自卑，会让员工觉得能力不足。

6. 妒忌

在这个以成败论英雄的社会里，工作中的竞争经常会引发妒忌。别人的进步和优势让自己脸上无光，立刻就心生恨意。竞争中必有强弱，想要增强自己的综合竞争力，就要从自身修炼开始，一味敌视别人的进步和优势，反而会让自己陷入负面情绪，对自身发展不利。

第八章 卓越的团队

●加强团队沟通与协作

随着市场竞争的日益激烈，一家拥有巨大发展潜力的企业，除了要有优质的业务来源，优秀的领导及员工以外，各个团队部门之间的协作、沟通也是极为重要的，它直接影响团队的工作效率。再伟大的人，个人能力也是有限的，我们需要从意识上明白团队合作的重要性。单打独斗的时代已经结束了，取而代之的正是团队合作！

好的团队绝不是随随便便地将成员组合到一起，而是为实现一个共同的目标，确定团队成员的特性。组织一个好的团队，乃是激发团队合作精神的关键和起点。

好的团队就是要挖掘出团队成员潜能，激发每位成员的潜能。潜能是一种爆发力！其中以精神潜能最为重要，即一个人的意志、态度、性格。意志力就越大，潜能就越大。

通过相互的沟通，找到每个人的正确方向和树立真实的理想，来激发员工的激情和斗志。同时，我们还必须要打破人性的弱点。每一个人都有消极、追求安逸、犹豫、懒惰等多种缺点，对此，我们要坚决克制。

管理者要让团队中的每个人都明白自己很重要，这样他们做事才会更有成就感和紧迫感。一个人一旦觉得自己不重要，往往会非常沮丧，从而失去激情，这会导致工作效率和创造力显著下降。领导者既要协调好员工之间的差距，又要看到每位员工的优劣处，充分发挥每位员工的最大价值；要做到知人善用，不偏不倚。员工之间更要尊重彼此的意见和观点，尊重大家对团队的贡献，最大限度实现资源共享。

打造团队精神还必须建立有效的沟通机制。员工不会做你期望他去做的事，因此沟通应纳入制度化、轨道化，使信息更快、更顺畅，达到高效高能的目的。

分工明确但不呆板。明确的分工可以让每一位成员清楚地知道自己要做什么，什么时候做完，做到什么程度。这样就能够避免由于分工不明确而造成的部分人员闲置的问题。这里强调不能呆板的意思是，当分工确定后，如果某一任务的负责人员遇到了某种困难而无法按期完成的时候，应该适当地调整分工或者让其他成员帮助他们完成。不要死守原来的分工规则。

尝试进行换位思考，提供可能的支持，共享必要的资源。在推动团队任务过程中，遇到一些困难时，需要个人从对方的角度进行思考，了解困难的原因所在，并积极提出建议，对可能的资源要及时与大家共享，提供力所能及的帮助，以协助团队成员解决问题，从而推动团队任务的完成。

有一个说法叫"屁股决定脑袋"。说得文明一点，叫作位置决定想法。一个人坐在什么位置，决定了他思考的角度和范围。员工与企业管理者，二者之间的想法肯定是不一样的。

在培训中，学员们体验过一个"纸牌游戏"的项目，让大家对团队有了更深入的认知：一是了解了有效沟通的重要性；二是对如何形成团队有了新的理解。首先介绍一下游戏规则：

（1）七个人一组，按图3所示坐好。

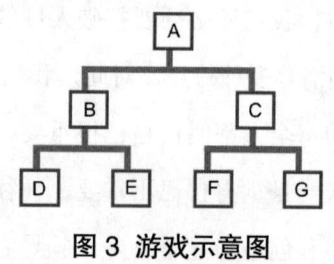

图3 游戏示意图

（2）沟通规则：同级之间不能沟通，不能交叉沟通，不能越级沟通，只有连线部分才能沟通。

（3）游戏进行的过程中不能说话，需要传递的信息写到纸条上面进行传递。除纸条外，不允许在纸牌或者信封上面写任何东西。

（4）每个信封中有一张指示纸和四张纸牌。指示纸会告诉你怎么玩游戏，而四张纸牌是用来交换的。每次只能交换一张，随时保持每个人手中都有四种纸牌。

在进行游戏之前，大师兄提醒大家思考几个问题：

第一，什么叫作团队，或者说你对团队的解释是什么？

第二，团队最重要的是什么，或者说团队与团伙的区别是什么？

第三，什么时候才会有团队，或者叫什么时候才会形成团队？

第四个问题和第五个问题是一样的，就是关于今天的团队沟通与协作，你有什么问题？

请大家把问题写出来，还要写做完游戏后的感悟，以及如何把感悟变成行动。

●明确团队目标

团队包含5个要素：第一个是目标，第二个是人。有了目标和人，才会有第三个要素，叫定位。定位包括团队在社会中的定位，团队在企业中的定位，团队中每个人的定位。有了定位，才会有第四个要素，权限。有了权限，才会有第五个要素，计划。没有计划的目标是空想，任何宏伟的目标都要分解成一个个可以达成的计划。请大家在游戏中注意这五个要素。

游戏中，小王是A。刚拿到牌的时候，小王感到十分困惑，既不知道目标，也不知道该干什么。问助教，助教不给任何回应；问团队的人，他们都说你是老大，都听你的。当时的小王，真是有些"叫天天不应，叫地地不灵"。所以，通过这个游戏，可以真切体会到了做老板的难处和压力。

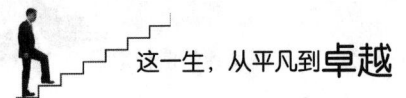

经历过刚开始的困惑和不知所措后,小王开始稳定心神,开动脑筋,思考解决办法。创业是艰辛的,付出的心血和汗水可想而知。很多人都想干一番事业,想法固然很美好,可是你具备干一番事业的格局和能力吗?用大师兄的话说,你是干一番事业的那个人吗?

知道了游戏方法后,仍然要面对一系列更具体的问题。例如,交流的上下贯通、各环节的共同协作、团队中不同能力成员的取长补短等,哪个问题解决不好,都会影响游戏的进程和目标达成。

第一组玩过游戏后,开始由团队成员进行分享。之后,便是大师兄做总结。大师兄说,分享时,很多人都说到这两个字——沟通。很多人觉得,沟通是个问题。其实,管理的本质就是沟通。管理只有两个字,就是沟通。那沟通不良究竟是一种原因还是结果?记住:沟通不良,是一种结果,而非原因。

很多问题没有解决,就说因为沟通不好,认为沟通有问题。可是,沟通不良本身就是结果,而不是原因。那么,怎么样才会有好的沟通呢?像政治家那样的沟通就是最好的。政治家说:"没有永恒的朋友,没有永恒的敌人,只有永恒的利益。"所以,有共同的利益才会有良好的沟通。大家结为利益共同体,荣辱与共,祸福相关。如何才会有共同的利益?就是要有共同的目标。

回到游戏中。这个游戏有什么目标?当学员拿到纸牌的第一反应是什么?很多人的第一反应是,A应该知道目标。为什么?因为A是老大,老大当然知道目标。所以,人们就喜欢走极端,要么觉得A是头猪,要么觉得A是个神。

小王在游戏中就是A,能够体会到做A时的辛苦。在游戏过程中,B和C不断地询问小王游戏目标,后面的人都以为小王知道,其实小王的指示卡上并没有说明游戏的目标是什么。当时的小王真是"哑巴吃黄连——有苦说不出",还得花费时间跟他们说明。

企业最重要的是什么？人才。人才里最重要的是什么样的人才？企业最重要的人才是将。所谓将，也就是领导者。作为将，最重要的就是信。领导者要像天上的太阳。为什么叫太阳？很简单，因为太阳每天东升西落，亘古不变。领导者，要给到员工这样的信任感。

很多 BCDEFG 拿到牌的时候，会毫不犹豫地问 A 游戏目标是什么。A 坐在那边很无语，他也不知道游戏目标。所以，别把 A 当作猪，也别把 A 当作神，A 也不知道游戏目标。

游戏的目标是什么？

第一个目标是资源最优化。每个人手上有四张相同的牌，A 也不要太冤枉，大师兄的确没有告诉你们目标，但是起码告诉了你们一点，A 要用你们手上的牌做出最好的决策，拿四张相同的牌做出最好的决策。可是一上来，有人就说这是清一色。所以，阻碍我们的不是未知的事物，而是我们已知的事物。每个人手中都有四张一样的牌，目标不是建立在你玩过多少年牌上。了解大家手上的牌你就会知道，你玩不了清一色，唯一能做的就是四张一样的牌，这个叫作资源的最优化。基于手上现有的牌来做出决策，而不是拿你想要的牌来决策。真正成功的人会知行合一，基于现有资源进行互换或增值。所以，第一个目标叫作资源最优化。

第二个目标叫作有序排列。但只是有序，没要求从大到小，也没要求从小到大，就像每个企业的不同文化。有些企业是金字塔文化，老板拿得最多；有些企业是倒金字塔，老板拿得最少。这个叫作职场伦理。今天，很多管理者就输在这一方面。什么叫作管理？中国人说管理很简单，八个字：君君臣臣，父父子子。如果用西方管理学的说法来讲管理，也是八个字：各安其位，各尽其责。其实，还是君君臣臣，父父子子。最怕的就是：君不君，臣不臣，父不父，子不子，各人都不在自己的位置。所以，第二个要求非常简单，就是符合逻辑。职场伦理就是企业文化。

要达成目标，就必须建立一个最有效率的团队。那么，什么叫作最有效

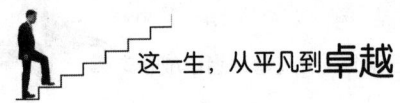

率的团队?

大师兄认为最有效率的团队应该具备三个要素:

第一,团队有共同的目标;

第二,团队中的每个人都要知道且认同这个目标;

第三,团队中的每个人还要了解自己的位置及贡献。

只有满足了这三点的团队,才能称之为最有效率的团队。

●明确三项权利

为了成为最有效率的团队,需要明确三项权力。

1. 决策权

决策权归属于谁呢?大家在游戏中很容易犯的错误,就是忽略了B和C。大家把牌汇聚到A那里,由A做出决策,再回到所有人那里。B和C,跟企业的中层一样,没什么用,无非工资高点、工龄久点。决策权归属谁?很多人都说是老板,B和C直接就被干掉了,直接干掉中层。

其实,中层的存在自有它的道理,决策权归属于所有的人,只不过每个人决策权的行使范围不同,老板对企业的决策负责任,中层对部门决策负责任,基层员工对自己的贡献负责任。未来,很可能每个员工都是管理者,都是知识型管理者,甚至每个员工都能够决定企业的生存。

中国银行是中国成立最久的银行,有一个比中国银行成立早100多年的银行,它就是巴林银行。可是,一个基层操作员的违规操作,导致巴林银行倒闭了。可见,基层员工对企业的生存承担着责任。

中国曾经有一个商业帝国叫三株,但发生了一起消费者事故——喝死了一个老汉,结果企业就"死"掉了。老汉以为保健品可以治病,不去医院治病,只喝保健品,结果自然没有效果。当时,中国的消费者还不成熟,企业也不成熟,三株"死"掉之后,很多人都问三株的老板,怎么会这样?三株老板说,我也不知道有这么一回事。其实根源在哪里呢?当时三株规模太大,品牌老总压根儿不知道发生了什么,决定企业生存的恰好是那个株洲分公司的老总。他当时是如何想的?我不能输官司!结果,没有输官司,却"死"了三株帝国。

未来,员工对企业都有决策权。千万不要说,决策权是老板的。所以,决策权归属于所有人,只是决策权的大小不同。所以,游戏中千万不能直接把B和C干掉,若决策权只给到A,那B和C就不要玩了。

2. 建议权

建议权归属于谁?依然归属于所有人。团队中任何一个人的失败,都是团队的失败,只有团队的成功,才是团队中每个人的成功。所以,建议权属于所有人。很多人学了MBA,要求老板,要么别授权,要么授权之后就别再管。其实,老板可以让下属拥有决策权,但老板绝对有建议权。员工始终有权利提出建议,采不采用那是老板的事。甚至有些真正聪明的老板,会让员工犯错。为什么?员工犯错才能成长。但老板提出的建议不是故意为了让员工犯错,因为老板也要对结果承担责任。所以,建议权应该归属于所有人,千万不要说它只归属于部分人。

第一,建议权只是个建议权,并不是决策权。就像老板说的,我建议你了,你要犯错你就去犯错,我承认,就会对后果负责任。但现实中,很多管理者是怎么提建议的?提了建议就希望老板采纳,不采纳我就坐等你的好事!这是把建议权变成决策权了。老板问的时候,应该提出建议;老板如果做出决策,管理者应该以承担责任人的决策为主。第二,建议权建立在知情权的基础上。没有知情权,根本就没有建议权。员工最讨厌的管理者,就是新官上任三把火,将企业搞得鸡飞狗跳。特别是在小企业,一朝天子一朝臣,换一个人力资源负责人就换一个新方法。而且,很多员工入职企业不到三个月,就发现企业存在一堆问题。特别是那些学MBA的,学工商管理的,一进企业就告诉老板:你的企业是家族企业,老板是董事长,老板娘是财务

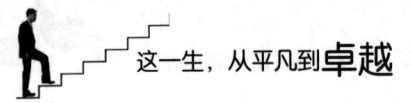

总监,这样的企业肯定搞不下去。

企业目标到底是做大还是做强?大师兄说:企业的第一个目标,既不是做大也不是做强,而是活下去,生存下去。因为只有做长了,活得够久,才会犯足够多的错误;犯了足够多的错误,才能知道企业的核心优势在哪里,才有可能做强;找到自己的核心优势,才能够复制,才能做大。可以复制的才叫商业模式,才可能做大,所以企业正规的生存叫作——先做长,再做强,再做大,这是最基本的模式。

那什么样的企业最有生存力?家族企业。为什么?因为大家的利益捆在一起,不可能因为老板批评了就辞职,不可能瞧老板不顺眼就说不玩了。所以,世界五百强企业最开始都是家族企业。只不过,家族企业不能家族管理,企业做得大了,要找职业经理人。

举个例子,马云处事很开明,管理很会创新。马云说:"如果你进入我的企业一年,跟我谈战略,我不管你应聘的是什么职位,哪怕是高级副总裁,我都会干掉你。为什么?因为你没有资格来谈战略,你根本不了解我的企业。但是,如果你进入我企业三年,你愿意跟我谈战略,哪怕你是个最基层的秘书,我依然愿意跟你谈。为什么?因为你已经为我的企业付出,你了解我的企业。"可见,建议权建立在知情权上面。

现在的问题是,很多员工都很着急,没有兴趣去了解情况,恨不得一来就改变世界。有些老板剥夺员工的知情权,员工没有知情权,所提的建议就无效。

3. 知情权

知情权就是你要掌握有关重要信息。如果你什么都不知道,或知道的都是虚假的,做事的效果可想而知。这一点许多管理者不太注意,其实知情权是至关重要的权利:这决定了你可以参加什么级别的会议,可以听取什么人的汇报,可以看到哪些文件和数据等。

我们常说:"员工能与企业同甘共苦,那么企业必定是优秀的。"作为企业的管理者，最希望的就是员工能够团结一致，为企业做出贡献。但说起来容易，实现起来就有难度了。

有些职业管理者进入企业后的职位很高，但信息还不如一名中层经理掌握得全面，这在家族企业中非常普遍。所以，知情权非常重要。职业管理者时刻都应关注自己的知情权。如果自己该知道的信息不知道，如果员工有意对你屏蔽信息，那就说明你和员工之间的信任出现了问题。

企业执行力不强，最大的问题是什么？老板剥夺了员工的知情权，没有告诉我们目标。其实，更多情况下是我们剥夺了老板的决策权。举个例子，相信大家都深有感触：老板提出一个议案，向大家征求意见，大家会有意见吗？通常情况下是不会有意见的。但实际情况是什么呢？会上不说，会下乱说。所以，一到落实，议案就大打折扣，甚至擅自改变老板的决策。其实，这就是在剥夺老板的决策权。最后，就形成了一个怪圈，你剥夺老板的决策权和建议权，老板就剥夺你的知情权。

人生中很重要的一个法则，就是交换法则。你想从这个世界上得到什么，你就要付出什么。你要别人给你机会，你就要给别人机会。你要别人给你笑脸，你也得给别人笑脸。但是中国人一见面就会这样想：害人之心不可有，防人之心不可无。如果人人如此，哪还有什么沟通机会呢？甚至有人宣称商场如战场，干掉对手算成功。为什么非要干掉谁不可呢？不干掉谁就不能成功了吗？世界上根本没有这样的道理。但我们所知道且所熟知的均是如此。

再回到上面的纸牌游戏中。

纸牌的正宗玩法，是三个团队一起玩，因为一个企业起码有三个部门。玩纸牌的时候，资源是无限的，要多少纸条就有多少纸条。而现实生活中，资源并非无限，要根据不同的级别配备不同的纸条，还要在规定时间里玩出来。

企业有三个层级，三个层级需要不同的能力。中国人喜欢把不同层级称为高层、中层、基层，我们更喜欢按照工作性质来定位，称为决策层、管理

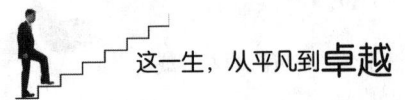

层、执行层。那么，决策层的工作是什么？需要什么能力？企业高层应该把更多的时间放在外部，因为企业里面都是成本中心，只有企业外面才是利润中心。

一流的企业用三流的员工，三流的企业用一流的员工。为什么？因为一流的企业有一流的平台和机制，而三流的企业没有。建立平台、整合资源是老板的事，也没办法授权，所以，老板要将更多的时间花在外部。如果一个老板整天待在办公室，这个企业估计早晚会倒闭。

老板在企业里做什么？只做决策。决策有两种：一种叫战略决策，一种叫人事决策。有没有企业天天做战略决策的？好些企业确实在这么干。但是，如果企业天天做战略决策，早晚会死掉。为什么？因为员工最怕的就是老板朝令夕改。一天换一个游戏规则，非死不可。

企业不能天天做战略决策，做得最多的只能是人事决策。老板犯得最多的错误就是用错了人，只要没犯这个错误，基本上老板就没错。这句话说起来容易，做起来却非常不容易。你要做好战略决策，还要做好人事决策。

管理最大的能力是什么？是领导。领导很简单，就一句话，得人心者得天下。问题是如何得人心？知人性者得人心。你了解人的性格，就了解了人的心。如何知人性呢？最简单，你就是个人。

问题：你了解自己吗？千万别点头说了解，这个还真是很难说。我们总以为自己是足够了解自己的，无论是内在还是外在。我们总想把自己最好的一面展现给身边的人，现实情况却总是事与愿违。很多时候，我们其实是不够了解自己的，不然也不会做出那么多违心和后悔的事情。

真正做好决策需要两种能力：一种是抽象思维能力，一种是全局思维能力。什么叫作抽象思维能力？例如，很多人拿到牌后的第一反应，就是晕。有的人就凭第一反应，七个人四张牌，清一色太复杂，一条龙也太复杂。这种人什么信息都不收集，什么都不干，他一拍脑袋就觉得是四张牌。这种人是谁呢？就是中国第一批企业家。

中国第一批企业家做企业之前，都不做市场分析，不做客户调查，一拍脑袋，看到机会就冲进去，一个猛子就扎进去，结果依然赚了钱。这种企业的优势是什么？就是初期执行力特别强。缺点是，一个老板带一群助理，说白了就是一个个体户。所以，这种企业的第一个问题，永远都是一群助理，底下没有管理者，企业做不大；第二个问题，老板永远都不能犯错，因为全都是老板做的决策，一个错误就玩完。

企业家和管理者要有抽象思维能力，不能凭感觉做决策。今天的领导者除了抽象思维能力，还要有全局思维能力。例如，拿到牌后先不要做任何决策，要先了解手上的资源。企业最重要的是客户，而接触客户的是一线员工，必须了解客户要什么。作为A，如果第一反应不是去收集所有人的牌，就是个不合格的A。合格的A他会非常清楚地收集到所有人的牌，而且还要把规则说清楚。规则说得越清楚，执行力才会越强。

具有抽象思维能力、全局思维能力，收集到所有人的牌，尊重所有人的知情权、建议权以及决策权，游戏就很容易玩。所以，要好好去思考：你有没有全局思维能力？你的格局够不够当老板？有没有尊重所有人的知情权、建议权和决策权？

●管理者的两项工作

管理者的两项工作，其中之一就是管理沟通。但在管理沟通中，很容易犯两个错误，一个是充当传声筒，另一个是充当民意代表。传声筒是只管上传下达，老板怎么说就怎么传达。有的老板不但拍拍脑袋就做决策，做出的决策还不可改变。做决策一定是要跟多数人商量，听少数人的意见，最后自己做出决策；而直接拍脑袋做决策，那就会把自己拍成神经病。德鲁克甚至说过一句很极端的话，当一个决策所有人都赞同的时候，只能搁浅这个决

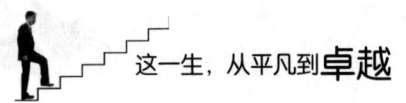

策。就是说,当一个决策所有人都认同的时候,这个决策一定有问题,因为世界上没有完美的东西。例如,老板拍脑袋做出一个不太好的决策,因为天气原因有人迟到,要惩罚,迟到一分钟罚款 100 元。如果管理者只当传声筒,就会照本宣科,甚至会出卖老板,数落老板决策的愚蠢。

聪明的管理者不会只当传声筒,还会尽自己的智慧把问题处理好。例如,天气不太好,导致同事出勤不能按时,有的人会迟到。但是我们是一个团队,如果有人不能正常出勤,就会影响到整个团队的绩效,还会影响到每个人的收入。基于这种情况,老板做了一个决策:从今天起,如果有人迟到一分钟,罚款 100 元!但大家都是对企业非常用心的同事,而且没有特殊情况各位从来没有迟到、早退,更没有旷过工。而且老板也说了,即使这 100 元钱真正罚下来,老板也不会要,会作为同事的全勤奖。如此,老板拍脑袋的决策,就变成了员工愿意接受、相互监督执行的制度。

管理者很容易犯的第二个错误,就是把自己当作民意代表。中国最有名的民意代表就是海瑞,骂他的老板"嘉靖嘉靖,家家干净"的那一位。管理者站错位置是很糟糕的事情。

管理者的第二项工作就是永远不会让老板做问答题,而是做选择题。职业化的管理者,永远都不会把问题交给老板,永远不会让老板做问答题;他们提出问题的同时提出解决办法,让老板去解读和选择。管理者必须站在老板的位置去思考问题,然后提出建议。老板也许不一定会采纳你的建议,但起码会思考。所以,要提出一个好的建议并不容易,必须具备老板思维、老板能力,不要总是把问题丢给老板。

管理最重要的工作就是沟通,但沟通千万不能做传声筒,更不要做民意代表,要在提出问题的时候一并提出解决方案。

●提高执行要用"心"

执行层最重要的一句话是,"每一个细节都要一丝不苟"。对这句话还有印象吗？这就是之前所说的，从优秀到卓越的关键，但在这句话里面有个陷阱，还记得吗？现在不妨回过头去看看，这两句话有什么区别？是的，就是多了一个"要"字，只有我们"要"，才会有，我们"不要"，就没有。

大师兄说，执行层要用心做好本职工作，执行的时候不要关注战略。要了解目标，不要怀疑战略正确与否。因为当我们去关注这个战略的时候，潜台词是我们觉得管理者和老板错了。我们并不了解所有的信息，即使了解所有信息，还得具备提出正确建议的能力。执行层最重要的就是责任心，要把每一个细节都做好。

责任心对于我们来说，是绝对不能缺少的。

员工可以分为 4 种，如图 4 所示。

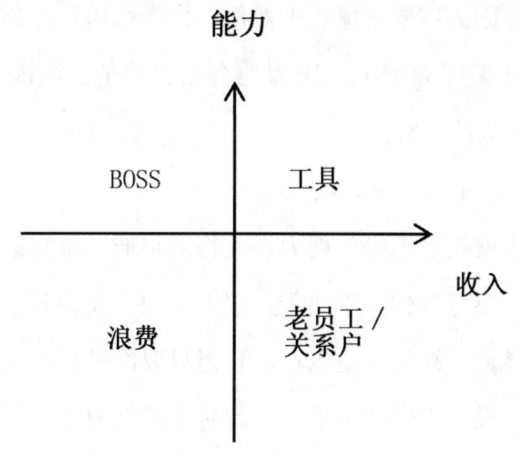

图 4　四种员工

第一种员工，能力高，收入高。

这种员工可以定义为工具。企业购买的就是他的工具能力。企业要做好准备，因为他们可以为了钱，随时走掉。"工欲善其事，必先利其器。"特别是在创新的时候，工具非常重要，中小企业要从内部提升员工。创新和变革的时候，可以用工具，因为自己去摸索成本太高。

第二种员工，收入高，能力低。

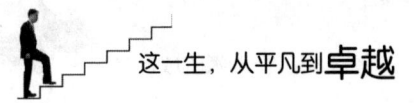

这种员工，在国有企业叫关系户，在民营企业叫老员工。如果员工能力很低，但工资很高，没有人敢动他，一定有后台。对这种员工，唯一的管理方法就是把他的破坏力降到最低，尊而不用。我们可以给他更高的工资，但是不要他管事，不要他影响别人。员工永远只会站在员工的角度思考，干掉一个老员工，其他老员工就寒心了。当然，最好的方法，是当他还愿意学习的时候，给他机会学习。如果他不愿，也只能养着他。

第三种员工，能力很低，收入很低。

在中国企业中，大部分员工都是如此。企业觉得录用这类员工能力虽然不太高，但企业可以培养，起码费用也不高，还能接受。但这样的员工就是一种浪费，要砍掉。录用新员工的成本，绝不是只有工资，费用起码是他工资的六倍以上，因为需要平摊管理费用、生产费用、办公费用等。记住：真正有能力的员工是不要钱的，因为他会创造价值；而能力低、工资低的员工，才是企业最大的浪费。

第四种员工，能力很高，收入很低。

这种员工不就是老板吗？能力很高待遇很低，做到最后，老板除了给你钱之外，他还会愿意跟你分享明天。很多人问：我做到了，老板不分享，怎么办？这个世界最不缺的就是老板，自己只要能做到，就是老板。老板设立好未来的股权，设立未来的金手套，就看你的努力了。而这些不是老板给你的，是老板提供的平台，你出的能力，大家共同去创造的。所以，小企业要靠什么去吸引人？要靠分配机制去吸引别人。想想看，企业哪种人最多？你自己属于哪种？

简单总结一下：

对基层员工的要求就是具备责任心，把每一个细节做到一丝不苟。

对中层员工的要求就是上进心。中层是最累的，在玩游戏的时候，A会不断地压任务给B和C，DEFG则不断地向B和C请示，你不理他，他就说你官僚。在企业中也是这个样子。中层最累，其实不是能力问题，而是要换新的思维、新的格局，你不能再像过去当普通员工那样去思考。因为中层太累，你可以选择重新回去做基层员工。如果希望将来带团队，就必须熬过这一关。只有从点的思维过渡到面的思维，才能最后达到未来的系统思维。所以，要做管理者，就一定得有这种上进心。

对高层管理者的要求就是事业心。不是在做企业，而是在做事业。做事业关注的就不仅仅是这个月赚了多少、下个月亏了多少这点事，而是要咬着牙坚持到底，还需要耐得住寂寞，经得起诱惑。

●知道自己属于哪等人

企业分为高层、中层和基层，或者叫决策层、管理层和执行层，人是不是也分三六九等？用"从平凡到卓越"课程的话说，人是不分三六九等的，众生平等，人，生来卓越。但是，现实生活中人好像又分等级。怎么分呢？大致有这样几个维度：

第一个维度，是看能力。人力资源招聘有个最简单的定律，不是用最高的价格招聘最好的人，是用合适的价格招聘合适的人。所谓合适的人，就是能够解决问题的人。看一个人有没有能力，就是看他能不能担得起岗位职责，能不能解决问题。如果企业的岗位职责都写得不到位，就很难判断一个人的能力。

第二个维度，是看品行。曾国藩告诉我们，看一个人的品行，就看他的脾气。为什么？监狱里的那些犯法的人，很多都是控制不住自己的情绪，一时失去理智犯的罪。人生修行的第一步就是制怒，控制内心中的莫名怒火，每临大事要静气。

如果把人分为上、中、下三等人，具体应该怎么划分呢？

先来做个思考：我们到底是哪等人？

能力大，脾气大；

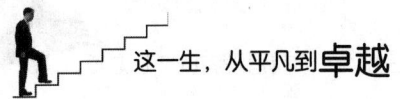

能力大,脾气小;

能力小,脾气大;

能力小,脾气小。

大师兄是这样以能力和脾气来区分上、中、下等人的。

上等人,就是那些本事大、脾气小的人。这样的人应该是老板。从理论上说,老板适合企业所有的职位,能力卓越。当老板注定艰辛,要跟上上下下、方方面面的人打交道,否则不会有企业的今天。老板脾气很大,也很正常。因为很多企业,高层做中层的事,中层做基层的事,基层无事做,无事就生非,一天到晚讨论老板为什么又换了秘书,或者企业战略是否正确……有的企业,高层在做事,基层在做事,中层没有人,大家都很累,最后变工人。如果经常看到的是别人的能力、别人的优点,肯定没有脾气。我们的脾气因何而来?永远觉得别人达不到我们的要求,就会产生脾气。

中等人,本事大,脾气也大。部门管理者能力都很大,可是多数人都只能看到自己的能力,没达到目标肯定是别人拖后腿。特别是营销部,更是企业中最骄傲的部门。其实,企业只有两个部门,一个是为客户服务的部门,一个是服务于为客户服务的部门。营销部自然是舞台上的明星,但一部舞台剧的成功并不只是主角的功劳,还有导演、编剧、灯光、音效,甚至还有群众演员,所有人的努力才创造了成功。舞台剧失败是谁的错?当然是主角的错。企业的失败就是营销部的错。为什么?因为营销部站在舞台中间。所以,什么叫销售?销售就是不要本钱的老板,一定要具备老板思维,战战兢兢,如履薄冰。

下等人,本事小,脾气大。在企业,就是员工。这样的人,你让他做事,他会告诉你做不到,能力不太高,理由一大堆。

中国台湾著名企业家王永庆对员工说过这样一段话:"一根火柴棒价值不到一毛钱,一栋房子价值数百万元,但一根火柴棒可以摧毁一栋房子,可见微不足道的潜在破坏力，一旦发作起来，其攻坚灭顶的力量，无物能御。"我们的坏脾气就是这样的一根火柴棒，不改掉坏脾气，人生真的很危险。

有的人说：我发现自己不属于三种人的任何一种，我本事小、脾气小，起码算是个中上等人。但在大师兄看来，这样的人连下等人都算不上，只能算作等外人。有脾气，起码代表还想改变，只是改变的方向错了，需要回到正确的方向。如果连想法都没有，无异于浪费生命，只能算是等外人。

说到改变，可以用另外一个维度来说明，什么叫上等人，什么叫中等人，什么叫下等人？

世界上唯一不变的就是变化本身。那么，三种人应该如何面对变化呢？

什么是上等人？纸牌游戏开始了，信封发下来，打开信封，很多人的第一反应是晕。立即写纸条，收集所有人的信息。他们是变化的本身，永远不会坐在那里等待，引导着变化的发生，叫导变。

什么叫中等人？纸牌游戏开始，打开信封第一反应是晕。坐在那里正不知所措，突然来张纸条说，把你的牌告诉我。好，马上告诉你。中等人不能导变，但是会听话照做，你要我怎么做，我就怎么做，这个叫应变。

什么叫下等人？就是打开纸牌，第一反应就是晕。然后开始抱怨了："怎么会这样，玩了我一天半还玩我！大师兄，这个游戏的目标是什么？助教，目标？！"这就好比你问别人自己的人生目标是什么，别人怎么知道？下等人永远在抱怨，在抱怨变化的发生。

焦点在外的法则告诉我们：永远不去想自己要什么，而是要关注别人想要什么。与任何人谈合作都要先考虑对方能得到什么，自己才能得到什么。那么，怎么跟下等人谈舍得呢？要谈不舍不得。握紧手，抓不住几粒沙，手掌放松，才可能抓住更多的沙。怎么跟中等人谈舍得呢？要先舍后得。中等人都明白不舍不得，清楚付出决定回报，否则他做不到管理层。做员工，做

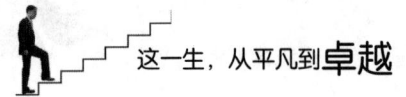

到业绩第一，都是自己的成就；做管理者，就要把你的业绩给员工去做，要让他们有信心，赚到钱。

做管理者，得学会受委屈，因为委屈是为了最后的求全，这才是管理者最难做的。没有完美的个人，只有完美的团队。有一天你终究会老，为了不老，得怎么办？按照直销的说法，除了挑水，还得挖管道。团队就是你的管道。因为你会老，团队却不会老。只有这样，才能拥有一支强大且永葆生机的团队。这就是先舍后得。

那么，怎么跟上等人谈舍得呢？上等人根本不需要谈舍得，因为上等人早知道世界的真相是大舍才能大得。老板出去考察项目，需要出钱；引入项目，需要出钱；投资建厂，需要出钱；引进设备，需要出钱；招聘员工，需要出钱；培训员工，需要出钱；还要交税费、搞福利、买保险，都需要出钱。人们只看到老板是赚得最多的，却看不到老板是付出最多的。

所以，重要的不是你在游戏当中所处的位置，更不是你在企业当中所处位置，真正重要的是你把自己放在什么样的位置。你是那种能力大脾气大，天天在创造变化的人，还是那种能力小脾气大，天天在抱怨这个世界变得太快的人？

在游戏当中，我们会发现DEFG想做事，但更多的时候是在看着ABC累得要死，自己却没事做。其实，在企业当中很多员工都是想做事而没事做的人。今天我们很多企业管理中，最大的误区是假定员工不想做事，所以定了一大堆制度来管理员工。可现实证明，其实没有一个员工到企业里面，是想搞垮企业的。每个员工都想做事，只是管理者没时间去管他。所以，企业要多定流程，少定制度。什么叫流程？告诉员工做什么事，该如何做；什么叫制度？告诉员工什么不要做。不要再觉得员工不想做事了，所有的员工，最初都是想做事，结果却没事可做。

这是个双败的结局，不但企业败了，员工也败了。员工因为老板不信任，工资给得少，所以得过且过，荒废了生命，这是一种选择。还有另一种选择，就是你虽然在那个最基层的位置，却有着上等人的思维。

B和C是游戏中最累的，也是企业中最累的人。DEFG不断地催促请示，A则不断地把纸条压下来。特别是有些DEFG，他从来不会写明我是谁，这是我给谁的第几张纸条。反正DEFG只对上面的人负责嘛，所以不断地把纸条拿上来，到B这里就要崩溃了，到后面分不清谁是谁的纸条，到A那里只有一个字——晕。作为企业中层，B和C是最累的，不是身体累，是心累。最重要的不是能力的缺乏，而是思维和格局的改变，由以前点的思维到现在面的思维，由以前只处理事到现在要面对人。只有这样，你才能由点到面，从面到未来的系统，到未来的企业家。在这个过程中，更需要的是上进心。如何减轻我们的累？那就是制订流程。

大师兄说：A是什么样的人？A永远都是最后完成目标的人。也就是说，在这个世界上，大舍才能大得。所以，A千万不要去跟员工争利，要永远把自己的利益放在最后，若所有人都得到利益，那最大的既得利益者就是A。

在游戏中，什么东西阻碍了我们沟通，让我们没有办法达成目标？第一，不准说话；第二，平级之间不准沟通。现实生活中，企业稍微做大一点，很多部门经理就会不相往来，即使有沟通，效果也不见得好。

没有共同的目标，哪有最好的沟通？最有效率的团队有以下几个特征：①有共同的目标；②团队中的每个人都知道并且认同这个目标；③团队中的每个人都了解自己的位置及其原因。说得更实在一点就是，团队中的每个人都把自己的目标和团队目标有机地结合在一起。

管理方面的问题说完了，再来说游戏最重要的问题。团队是为了一个共同目标而走到一起的人，共包括五个重要的定义：第一，目标，团队要有共同的目标；第二，人，团队中的每一个人都非常重要；第三，团队中的定位，团队在企业中的定位，团队成员在团队中的定位；第四，权限，每个人该注意的权限，责权利要结合起来；第五，计划，计划对一个团队

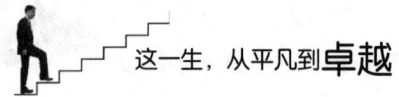

很重要。

那什么时候才能形成团队呢？只有当团队中的每一个人都把团队看得比自己更重要的时候，才会有团队。只要有一个人失败，团队就失败了。一边喊着没有完美的个人，只有完美的团队，结果却只想从团队中分享利益，团队还会完美吗？

大师兄反复强调说，他并不在乎学员在游戏中的位置，甚至不在乎学员在企业中的位置，他唯一在乎的是学员在人生中的位置，把自己定位成什么样的人。当很多"85后""90后"初次进入社会的时候，会发现社会不是自己家，老板不是自己父母，还发现自己改变不了这个社会。所以，很多人只好让自己去适应社会。尤其随着年龄的增长，会更加感叹个人的力量是有限的。人生如棋，自己只是任人摆布的棋子。但如果说人生如棋，谁才是下棋的那个人？是谁定义了我们这一生？

●卓越团队的考验——"生死电网"

"从平凡到卓越"课程，第一天的主题是卓越的领导，毕业游戏是领袖风采。而第二天的主题是卓越的团队，毕业游戏就是"生死电网"。大师兄说，只有每个人都做到像"领袖风采"的队长那样，才有可能通过这场对团队的考验。

无数的中国人都喜欢把自己当作神，可必须面对的是，在现实面前，即使是神，也会无能为力！

"生死电网"的目标是所有的人都要从教室的一边（A点），通过网中大洞，到达教室的另一边（B点）。

游戏开始以后，有任何人说话，所有人回去；

游戏过程中有任何人注意力不在游戏上，所有人回去；

游戏过程中有任何人触网、踩线、碰到游戏器材，所有人回去；

游戏过程中不可以借助任何工具,只能依靠身边的这支团队;

当回去的时候,从网下钻过去,不要触网、踩线;

不能做任何危险动作;

不能抛弃团队当中的任何一个人。

游戏没有开始前,学员们都觉得这是一个不可能完成的任务,因为游戏规则太苛刻了,根本就无法通过电网到达教室的另一边。游戏刚开始时,大家用了很多种方法,却都在不断触网,在助教无数次的"回去"声中重新开始。反反复复,反反复复回去了很多次。重新来过时,身体的疲倦和劳累,让所有人的内心都有一种即将崩溃的感觉。游戏在继续,依然是不断换人、送人……随着时间的推移,越来越多的人到达网的另一边,在网这边的人越来越少,问题也开始出现——最后一个人应该怎么办?

从开始到现在,从第一个到最后一个,每一个学员都从现实的 A 点到达了梦想的 B 点。但是在电网的这一边,在现实的 A 点,还有最后一个人。从开始到现在,从第一个到最后一个,他一直用手提、用肩扛,把其他学员送到了梦想的 B 点。在这个过程中,他为所有人流过汗,为所有人用尽了全身的力气。可现在不管他用什么样的方法,不管他多么想过来,99% 的可能是失败。而一旦他失败了,所有人就都失败了,因为不可能再有重来一次的机会。

大师兄的一字一句,就如一块块重铁直接砸入每一个人的内心深处。此时,"我是一只小小鸟"的歌声再一次响起,每当这首歌曲响起,就代表在"从平凡到卓越"的课堂里又多了一个失败的团队,又多了一群失败的人。这一刻,看着黑暗中那个孤独的背影,那种不甘于现状却又无能为力的滋味,想必很多人都不愿意再感受第二回。

人生当中有过失败,也有过不成功,但很可能是源于冲动和不理智,没有学会忍耐的艺术!的确,从毛毛虫蜕变成蝴蝶,是一个艰难的、痛苦的过

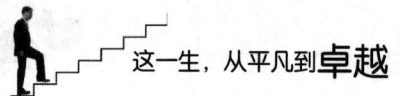

程,但它并没有因此而放弃,而是凭着坚持不懈的精神,最终赢得了美丽;蚌壳里钻进了一粒细小的沙粒,使蚌不断分秘汁液,这个过程是一种折磨,是一种煎熬,但它并没有向困难低头,而是凭着坚持不懈的精神,一层一层包裹着这粒细小的沙,最终它孕育出了绚丽夺目的珍珠。事实证明,无论多么艰难的事情,只要有着坚持不懈的精神,就一定会战胜困难,收获成功。

第九章　卓越的人生

● 人生的三大自由

1847年，裴多菲24岁生日，在他《诗歌全集》的扉页上，题签了一首诗："生命诚宝贵，爱情价更高；若为自由故，二者皆可抛。"人类追求自由的脚步从未停歇过，绝大部分个体追求自由的行为也始终在继续。

自由的价值，对具有主体意识的人类来说超过一切。对一个个体而言，自由应分为4个层次：人身自由、思想自由、财务自由和时间自由。这4个层次是相互递进的关系。

1. 思想自由

在当今社会，大部分人都已经实现了人身自由，转而追求财务自由，但往往忽视了思想自由的重要性。

所谓思想自由，是指能独立思考、独立判断，拥有自己的观点和价值观，不轻易受他人影响。当领导、朋友、名人、陌生人发表某个观点或看法时，是纯粹接受，或一味反对，还是经过自己的分析、理解，提出自己的观点或保留自己的意见？一个人如果没有自己的思维体系或思维体系不完善、比较杂乱，那么其行为模式和生存状态就会显得不顺畅、不和谐。

如果一个人的思想不是自由的，就很容易被影响、被灌输、被操控，那么他在创造财富和消费财富时，很可能也会随波逐流，看到别人干什么赚钱自己就去干什么，看到别人买什么自己就去买什么。

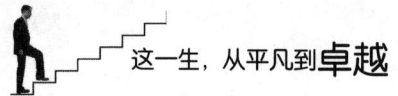

思想自由也称心灵自由,如果想获得财务自由、时间自由,首先要实现心灵自由。心灵自由了,才不会感觉人生的累,才能每天充满阳光;只有心灵自由了,实现财务自由,也只是时间问题而已。心灵自由的人,头脑是空的,能够轻松运作自己的智慧。李小龙曾说:倘若心中无任何固守僵结,外在事物会自然敞开出现。不能打破心的禁锢,即使给你整个天空,也找不到自由的感觉。

心灵自由了,才能更好地从大局出发,才会客观、理性地看待事物。

2. 财务自由

要想真正实现财务自由,首先要清楚自己的内心需求,如此实现财务自由的过程才会更和谐,实现财务自由的结果才会更顺畅。

财务自由的实现程度和一个人拥有的财富数量并不能画等号。何谓财富自由?当你想做一件事情或买一件商品时所花费的钱财,是你现在拥有并且乐意支付的,或是在你能够容忍的时间内可以获取并乐意支付的,那么你就实现了财务自由。反之,即使拥有很多钱,却不知道自己想要消费什么,花钱买的东西也不是自己真正所需的,那么就不能说自己实现了财务自由。

只有实现思想自由的人,财务自由的实现才有意义。

3. 时间自由

所谓时间自由,就是可以自由地支配自己的时间。因为时间才是人类唯一的财富。每一个来到世上的人,获得的都只是一生的时间;没有了时间,一切也毫无意义。而时间不能由自己控制,人生的意义也会大打折扣。所以,在人的一生中,自己可以自由支配的时间越多,人生越自由,活得也越精彩。

例如,每天、每月、每年的时间花在什么地方?如何分配这些时间?应该花时间做哪些事情?这些事情的先后顺序是怎样的?在你认为有价值的事情上,你花的时间足够多吗?在你认为没有价值的事情上,你花的时间足够少吗?

这些问题都与一个人的时间自由有关。如果一个人的时间是不自由的,那么他的生命也会浪费在毫无意义的事情上；反之，如果一个人的时间是自由的，那么他的生命就会释放在他最感兴趣、最关心、最喜欢、最欣赏的事情上。

●人生卓越的真相

从平凡到卓越并不复杂，仅仅是一个"回来"的过程。

"认识你自己！"这是铭刻在希腊圣城德尔斐神殿上的著名箴言，很多哲学家都喜欢用这句话来规劝世人。其实，在一定意义上，完全可以把"认识你自己"理解为认识你的最内在的自我。

在人生中，我们一直在忙东忙西，很少有时间来关照自己的感受。我们都在为身外之事而活，却没有为自己而活。

游戏和人生最后都是尘归尘，土归土。可是，现实生活中，我们会做游戏，却不会过人生。记住：游戏不是人生，只是一场游戏，但是游戏中的我们就是人生中的我们。看看以下几种游戏观和人生观，在我们每个人身上又有哪些体现？

1. 活在当下，过去决定现在，现在决定未来

小时候，玩电脑游戏玩得最开心的时候，妈妈跟我们说"吃饭"，我们通常是怎么回答的？我们会说"不要吵，让我玩完这一局"，这就是活在当下，尽心制胜，全力以赴。那么，人生呢？上班时我们想得最多的是下班，下班时我们想得最多的是放假，放假后我们想得最多的是旅游。可是，在家千日好，出门一时难。在外面感觉很累，又想回来；休息得百无聊赖，还想去上班。由此可见，在游戏中我们会全然地活在当下、尽心制胜，可是在人生中，我们却总是不断地活在过去，或活在未来，因为我们不敢面对当下。

2. 做游戏选择有挑战性的，人生却只希望平淡

我们都喜欢具有挑战性的游戏，现在让你去玩俄罗斯方块，你多半会立刻掉头离开。在人生中，我们更多期待的是什么？很多人会选择平安、平

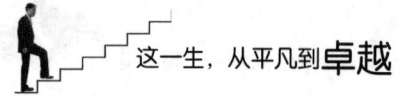

凡、平淡，希望不要发生任何事情，平平安安就是福。可是，我们却忘了古人说的"生于忧患，死于安乐"。人生难得几回搏，只有在年轻的时候不害怕，努力拼搏，才能换来老了以后的不后悔。

3. 游戏不会弄虚作假，人生却希望走捷径

在玩游戏的时候，真实的玩家，一定不会弄虚作假。可是，现在很多人的人生观是什么？"人无横财不富，马无夜草不肥"，希望天上掉个金元宝，砸着他的头，然后被捡到。很多人都想走捷径，可是，生命中每一份付出决定了回报。

4. 追求卓越的人不在乎观众的掌声，他在乎内心的良知给他的指引

大师兄说：每个人生来都是卓越的，卓越也是我们最重要的力量。而当我们想要卓越的时候，我们又需要怎样的心态呢？

这个问题对于一些人来说或许太难，那么我们不妨换一个问题试试，这个世界上最宽广的是什么？

有的人会回答是我们的心。可仔细想想，我们的心就那么一点儿大，怎么会是最宽广的呢？这个世界上最宽广的是大海，因为大海无条件接受所有东西。那么我们呢？在学习、超越、改变中，在"从平凡到卓越"的过程中，我们是像大海一样，无条件接受所有东西吗？还是我认为你说得对，我就听；我认为你说得不对，我就不听？

第二个问题，大海为什么能纳百川呢？答案其实很简单，因为大海足够谦卑。世界上最低的是地平面，比地平面更低的，叫作海平面。还记得2012年吗？那一年人们讨论最多的就是世界末日。那么我们一起来探讨一下，未来毁灭人类的将会是什么？问题的答案在《圣经》里面写得很清楚，未来毁灭人类的只有两种东西——洪水和猛兽。

所谓猛兽，就是每个人心中永不停止的欲望和无尽的贪婪，这个世界能够满足所有人的需求，却满足不了哪怕千万分之一的人的野心。

所谓洪水，也就是大海。还记得电影《2012》吗？还记得电影《后天》吗？我们都看到了大海的力量。那么，问题来了：一方面，我们说大海孕育

了万物，没有大海就不会有我们这个世界；可另一方面，我们又说未来大海会毁灭人类。为什么？二者之间最大的冲突点是什么？什么时候大海会毁灭人类？

大师兄给出的回答是看大海受不受约束。当大海不再受约束，当大海漫过地平面的时候，就是人类被毁灭的开始。

生活中，我们常说，比大海更宽广的是蓝天，比蓝天更宽广的是每一个有着目标、想要卓越的人的心灵。

人有两种力量：一种是破坏的力量，另一种是建设的力量。所谓破坏的力量，根本不是力量，只有建设的力量才是力量。而破坏的力量和建设的力量之间最大的差别，就在于受不受约束！

所以，当大师兄再次拿出学员曾经签署过的培训协议的时候，很多学员从最开始不情愿地签下培训协议，到如今坦然面对，不得不说，这也是一种进步和成长。就如同大师兄所说的：

协议比法律和道德更重要，它要求我们做到生命中最简单的东西——诚实、正直、勇敢和坚持。而只有当我们签署并执行了本协议，并且以这份协议为荣，我们才有可能真正地实现从平凡到卓越。如果你已经做好准备，给自己的人生签一份协议，开始准备好"从平凡到卓越"之旅；如果你愿意以你的诚信来维持并履行这份承诺，那么就请签上你的姓名。

培训协议：我相信学习的强大力量来自于人们的一颗谦卑的心。我相信每一个人都能通过努力取得更大的成就。为了实现这个目标，我愿意以我的诚信来签署并执行本协议。

培训协议1：我承诺完整参加本次训练的所有过程，并且在完成所有过程之前，不对训练做任何评判。

培训协议2：在整个训练过程中，我将投入自己的激情，全身心参与，全力以赴，达到课程要求的标准，并且支持团队中的每一位伙伴。

培训协议3：在教室内保持安静，除非征得教练同意，否则绝不开口说话。在训练期间，任何时候，我所说的都将符合以下3个原则：

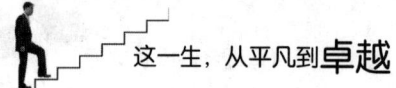

真实、重要并且对人有益。

培训协议4：训练期间，我将遵守准时原则。我知道每天上午8：30开课，我将在8：25赶到教室，并且始终尽可能地坐在最前排。

培训协议5：训练期间，我将要求自己进入教室时必须着职业装。

培训协议6：训练期间，我将绝对服从教练的安排，以及团队的共识。

培训协议7：训练期间，为了给到自己及团队一个良好的学习环境，我将关闭手机。

以上承诺我将以我的诚信来保证，如有违反，我将愿意接受任何处罚，直至离开。

我的姓名：_____

签署时间：_____

游戏不是人生，但人生就像是一场游戏，成年人绝不仅仅是单纯地为了玩游戏而玩游戏，而是希望通过这个游戏总结和领悟到生命中的一些重要的道理和智慧。在"从平凡到卓越"的课堂上，它们都有着不同的意义，也确实可以在游戏当中体会到人生的智慧。

●信念与方法之间的对决

大师兄语录：你可能会发现很多"从平凡到卓越"课堂里的游戏你都玩过，那就请带领你的团队去赢，你唯一不能做的就是告诉大家："因为我玩过，所以你们要听我的。"

在正式讲解之前，先问大家一个问题：

大家觉得在我们的生命中，是信念重要，还是方法重要？或者它们各占的百分比是怎样的？

答案可能是，"二八""七三""九一""一半一半"……最终的答案，先不公布，先来看一个曾经玩过的叫作"从A点到B点"的游戏。

所有人往后退，一直退到教室的最后面。管理者要学会做"夹心饼干"，要学会承担。很多时候人们都处在现实的 A 点（教室的最后面），永远也没有办法到达理想的 B 点（讲台）。如果想有钱，想快乐，想有人爱，那么就要从现实的 A 点到达理想的 B 点。

游戏的要求是：

第一，每次只能过去一个人，不能同时过去两个人或两个人以上；

第二，不能用重复的动作过去，别人用过的动作不能再用。

不管什么情况，违反任何一点，助教就会送你两个字：回去！然后回到教室后面的 A 点，重新开始。

一声令下，游戏开始，很多学员都一窝蜂地往前冲，但都被助教喊了"回去"。

游戏重新开始，有人承担了领导者的责任，秩序井然，速度也比较快。有些人竞争欲望很强，为了不落后于其他人，音乐声刚开始没多久，就蹦跳着达到了游戏的 B 点。

在整个游戏的过程中，有脱衣服的，有脱鞋的，有倒立的，有僵尸跳的。虽然有几个人留在了最后，但所有人都在规定的时间里从 A 点到达了 B 点。

游戏结束之后，大师兄对游戏过程做了简单的分析：

生命不但是结果也是过程，有人天生就是属狼的，行动力超强，你还没有反应过来他就已经过去了；有的人是属牙膏的，你挤一下，他动一下；有的人是属"恐龙"的，挤也挤不动，最后被灭掉。

通过这个游戏，大师兄想要表达的意思是信念 100 分，方法 0 分！

为什么会这样呢？从表面上看是方法的问题，其实是信念的问题，因为大家都想把游戏玩好。有 100% 的信念要达成一件事时，就会有无穷无尽的方法来帮助自己达成；当只有 99% 的信念时，就有 1% 的可能会放弃。

在现实生活中，很多人会说，没有办法了，已经走投无路了。真的是这样吗？其实，更多时候不是办法问题，而是信念不够。生命就像游戏，有的

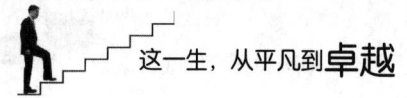

人过得精彩漂亮,有的人过得平淡无奇。但是,不论过得好与坏,原因都在自己身上。

●突出重围

随着经济的全球化,如今的中国企业都已走上国际化舞台,竞争异常激烈。国际上多家跨国企业在过去的十几年间抓住机遇创造了一个个神话,打造了一个个商业帝国。

第一个神话当属美国苹果公司。它依托史蒂夫·乔布斯天才的产品设计,凭借为数不多的几款产品,享誉全球。在苹果公司势不可当的攻势下,昔日IT业的版图被彻底颠覆。

另外不得不提的神话来自韩国。三星和LG的崛起,尤其是三星电子,在短短的几十年间便超越了"老师"索尼和松下,登顶世界电子王者的宝座。且三星是当今为数不多的可以跟苹果相抗衡的IT电子公司,它在法国、意大利和日本掀起的专利反击战,是我们在这个时代里能见到的少数的抗衡案例。

苹果公司的神话来自于乔布斯及其团队天才般的产品革新设计,还有对用户体验的极致追求和突破。但天才的东西都是难以模仿和超越的。三星的成功,则可以概括为以下词汇:国际化、全产业链、速度效率、开放创新、品牌定位、销售体系搭建、跨产业融合等。对比发现,中国企业在这些方面和上述企业相比还存在不少差距。

企业最大的风险来自于不知道自己想成为什么样的企业,以及不能在顺境下发现自身被掩盖的问题和矛盾,也就是缺乏危机意识。现实中,很多中小企业都遇到过瓶颈期:大订单拿不下来,小订单没利润。其实并不是因为生意不好做了,而是现在各行各业都越做越精,客户们也练就了一副"火眼金睛"。做得好的企业都是国内知名企业,就像是滚雪球一样,大企业会越做越大;而小企业大多数都只能在原地踏步。

小企业的领导者其实是最累的，他们往往要扮演多种角色：负责人力开发、销售、生产、售后等，将员工进行分类，以充分发挥他们的能力。进行人才分布化管理，发挥每个员工的优势。要想把企业做好，就要把公司环境打理得井井有条，这样才能给员工增添动力，让老板不那么累，也可以把精力用在企业发展上，而不是放在琐碎的公司内部管理上。

在"从平凡到卓越"的课堂中，很多人不止一次被深深地震撼到。而这第一次的震撼，来自于一个游戏——突出重围。

游戏不是人生，人生却像是一场游戏。很多的人会做游戏，却不会过人生。

通过之前的游戏，我们知道了在生命中，信念的重要性是百分之百的，方法的重要性是0，而我们最缺乏的往往是"团队"的信念。所以，在游戏正式开始之前，学员建立了团队。为了让大家正确了解组建团队需要达成的共识，这里引用几句大师兄的原话：对于团队来说最重要的是什么呢？对于"从平凡到卓越"来说，团队最重要的就是共同目标，也就是每个团队的队名。例如，"黄金时代"团队的目标就是黄金时代！

什么叫黄金时代呢？就是走过的每一寸土地都是黄金。长江、黄河里流淌的都不再是水，而是牛奶和奶酪，就是佛教里所说的"极乐世界"，放在现实生活中，就是国泰民安、安居乐业的时代。

中国有5000多年的历史，可是大师兄认为5000年里能称得上"黄金时代"的只有"2+1个"，分别是汉朝的文景之治，唐朝的贞观之治、开元盛世，以及清朝的康乾盛世。更多时候，都是战乱和分裂。现在，中国即将迎来第4个黄金时代。而我们的目标就是，通过自己的努力，让中国进入第4个黄金时代。

对团队第二重要的是共同的价值观，即团队口号。就如"黄金时代"的价值观就是每次助教在台上喊的口号：事业、梦想、爱！什么是价值观？价值观就是你会选择何种方式达成目标。我们要相信，只有每个人拥有了自己的事业，实现了自己的梦想，付出心中的大爱，中国才可能进入黄金时代。

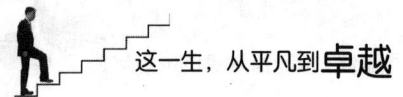

火车跑得快，全靠车头带。所以，拥有了团队共同的目标即队名、共同的价值观即口号后，还要推选出团队共同的领导人。因为"从平凡到卓越"的所有课程都是按照现实中的企业运营进行的，所以团队领导人也完全参照企业框架，设置董事长和总经理。但是因为"从平凡到卓越"是素质训练，所以参照军队的设置，设立一名参谋长，俗称军师。团队管理者一定要能自愿承担起责任，带领团队走向成功。

有了团队领导者，接下来，就是要找出团队共同的理念，即团队的队歌。就是那首最开心的时候想和别人分享、最悲伤的时候唱起就会产生力量的歌，就好像"从平凡到卓越"的"定做一个爱的天堂"。

团队形成后，要做的第一件事就是团队竞赛，找出最后两名，倒数第二名授予一个响亮的称号"龟之队"，董事长叫龟太郎，总经理叫龟二郎，参谋长就叫龟三姐，代表团队成员和团队就像小乌龟一样，生存着但是速度太慢。最后一名，会宣布破产，团队所有的成员被拿出来拍卖。有人要，就留下来；没人要，不管你是谁，不管你出多少钱，都请离开。

在现实生活中，企业经营不善就会破产。破产后，所有的人力和物资就会面临重组。大师兄的话音落地，所有团队都行动了起来。有的人兴致勃勃，有的人却兴趣索然，似乎不太想参与。

突出重围游戏规则如下：

(1) 学员以团队为单位围成圆圈，牵手。

(2) 牵手规则：左手必须牵右手，右手必须牵左手；不能牵两边人的手；不能牵同一个人的手；不能有规则地牵手。

(3) 手不能松开，所有人散开围成一个手拉着手的大圆圈。

(4) 只剩一个团队没有完成的时候，游戏结束。

在游戏中，总经理要不断配合董事长给团队下命令。但由于学员都不是很熟悉，所以经常出现沟通障碍。例如，信息在传递和交换过程中，原本的意图受到干扰或误解，导致沟通失真。沟通障碍主要来自3个方面：发送者的障碍、接收者的障碍和信息传播通道的障碍。

按照规则，最后一名的团队要被拍卖。团队的9个人留在了台前，大师兄让每个人都说说此刻面对失败的感受。第一个说："我们失败了，总的来说，我觉得是不够团结，队员有很多想法，但没有达成统一，浪费了很多时间……"

话刚说完，大师兄就厉声接道："永远只想着别人的错误，永远在为自己的失败找借口，永远没有办法承担起责任！下一个！"

大师兄的这番评价似乎让人有些不服气，但现在回过头来想，失败了，没有从自身寻找原因，却说别人的问题，这不就是不负责任吗？

团队成员说完感受后，大师兄要求失败团队的所有人转过身去，助教熄灭了现场所有的灯光。大师兄送给了失败团队所有人一首歌，这首歌是"从平凡到卓越"的失败者之歌。每当这首歌在"从平凡到卓越"的教室里响起的时候，我们知道，在这里，又多了一支失败的团队，多了一群失败的人！

我们曾无数次地听过这首"我是一只小小鸟"，可又有多少人真正想过和理解这首歌的意思？又有多少人真正觉察过我们给自己选择了一个怎样的人生呢？

所有的人都被这首歌欺骗了，这首歌从头到尾只有一个信念，即"我是一只小小鸟！"他根本就没有想过要去努力、要去面对、要去坚持！就像歌中唱的"即使有一天我栖上了枝头，却成为猎人的目标，我飞上了青天，才发现自己从此无依无靠！"

在歌曲的最后提出了一个疑问：生命的尊严和生活的意义哪个更重要？生命没有了尊严，生活还有意义吗？生活没有了意义，生命还有尊严吗？

歌声未散，课程继续。接下来进行的是选人的环节。一旦有人选择放弃，最后还留在台上的，将离开教室。但是一旦你选择了他，就请你用正确的方式欢迎他加入到你的团队，你不能侮辱他，既然选择了他，就请你尊重他。我们需要明白的是，有时候放弃才是真正的负责任。成功团队的管理者，按顺序坐到了失败团队成员身后。随后的环节继续进行，组员很快就找到了新团队。大师兄让学员们好好地体会此时的感受。参谋长泪流

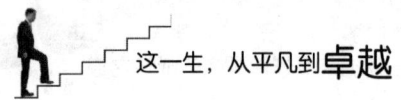

满面,哭得一塌糊涂。最后,终于有一个团队接受了他。感动与挫败互相交织,简直就是悲喜交加。

之后大师兄要失败团队的助教和管理者,以及在选人环节中选择了"放弃"的管理者来到了台前接受处罚。很多人也许会觉得奇怪,失败者的团队管理者接受处罚可以理解,但选择了"放弃"的领导者为什么也要接受处罚?其实这是大师兄挖的一个大坑,就等着大家跳进他早已设好的陷阱里。

虽然有时候放弃才是真正的负责任,但是在生命中从来就没有放弃这回事,如果站在台前的是你的父母、你的爱人、你的孩子,你还会选择放弃吗?你看起来是放弃了别人,其实你放弃的是你自己!在现实生活中,为什么很多管理者都缺乏领导力?其实很多时候,领导力就等于亲和力,就是有多少人愿意跟你走,就是我们说的"得人心者得天下"。在一个企业,老板唯一的使命是什么?就是帮助员工赚钱;我们很多人的观念是,大河有水,小河流水,但必须相信一点:小河有水,大河才能满!员工为什么愿意跟你走?因为跟你走有钱赚;员工为什么愿意持续跟你走?因为持续跟你走,持续有钱赚。而员工在企业中唯一的使命就是创造价值!为企业创造价值!

生命中,成功和失败都不可怕,可怕的是不会总结和检讨。当时的场景给每个人都留下了极深的印象,也使大家想到了很多。要接受因果,一切都是自作自受,没必要抱怨他人,只能在自己身上找原因。

游戏结束后,大师兄也从4个方面做了总结。

第一,一个成功的团队有强而有力的领导者或者领导者团队。一个失败的团队要么是没领导者要么就是个个都是领导者,而大家都是领导者就意味着大家都不承担责任。这个领导者不一定要很强,关键是要承担责任,要让大家能够信任他。

第二,一个团队应该有团队共同的沟通频率,当大家没有共同的沟通频率或者企业没有企业文化的时候,这个游戏就很难完成。

第三，成功有两种可能，第一种是六合彩中大奖运气好，第二种是真正找到了游戏的规律。游戏的规律很简单，永远从最上面那只手开始。游戏从头到尾是所有人的游戏，团队从头到尾是所有人的团队，如果在中间有任何一个人旁观，有任何人一个人不参与，游戏就会失败。

第四，我们很多时候是输在不遵守游戏规则上。有的团队到最后围成了两个圆圈，就是在理解游戏规则上失败了。

●与心灵告别

"从平凡到卓越"的课程不仅教会了我们做人、销售和管理，很大程度上也治愈了很多人的意想不到的心灵创伤。其中，"古老伤痕的治疗与告别"的环节，尤其让人印象深刻。

大师兄让学员们找个属于自己的角落，随着音乐闭上眼睛，静静地和自己在一起，感受所有的情感。《天空之城》和《我真的受伤了》的音乐，本来就是悲情至极的，再加上大师兄煽情的声音，让每一个人不得不沉浸在自己的内心情感世界里，体会与自己单独在一起时的感受。

每个人都曾带着鲜花和掌声来到这个世界上；每个人的眼睛都曾像星空一样明净，像星星一样闪亮，里面写满了爱与支持、信任与关怀的力量。可究竟发生了什么事，让我们变成今天的模样？有的人成了"步步高"，有的人成了"小小鸟"，有些人甚至放弃了自己，成为"梦一场"。

让我们的心回到被伤害最深的那个时刻，面对伤害我们最深的那件事、那个人、那一刻的感受。此刻，假设伤害你最深的人就坐在你的面前，我们要把当时所有的痛苦、伤悲、无助、失望甚至是绝望都发泄出来，去问他：为什么？为什么这样对我？我只是想做好我自己，为什么？为什么？

"为什么"是最能表达情绪的3个字，可以用来提问，用来质问，也可以用来自问。在这个环节中，每个人都不断地在问"为什么"，问自己，也问那个人。

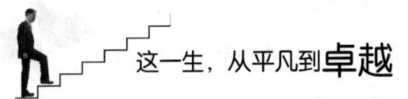

　　人们不太愿意回想过去的事情,但大师兄的"为什么"实在是太厉害,在过往伤痕的治疗环节中,每个人不得不去回想过去曾发生的事情。只身站在现在的时刻,也藏在过往的回忆里,接触和感受着现在真实的事物与不能脱身的又缠绕回忆的梦境,真实和回忆不断交织、重叠,断断续续。

　　直到回忆里的那张脸一点点破碎,然后慢慢拼凑,最终出现一张新的脸,那个人不是你。经历那样事情的人不是你,做出那样举动的人不是你,那样狠心又决绝的人不是你,给别人带来巨大伤害的那个人不是你,那是你认识的一个人而已,一个也受过很重的伤害的人而已。把回忆嵌套在一个影子身上,是不是就可以解脱?把遗憾的、懊悔的、难堪的、辛苦的过往当作别人的故事讲出来,能否释怀一些?

　　我们喜欢习惯性地将回忆加上一个叫作美好的滤镜,过滤掉我们觉得难堪的、失望的、辛苦的部分,将我们认为有笑点、有谈资的内容串联起来,每每回忆或者讲述,都会笼罩着温情,借以安慰、感动、鞭策自己。看,你以前多棒,是一个不错的人哪!别为了眼前的一点不顺遂而难过,曾经可以做到的,难道现在就不能了吗?然而结果往往是墨菲定律,我们期盼的总不会很顺利。

　　事实上,没有哪件事,我们可以很轻易就过关,或者轻松就处理好。仔细回想当时的情景,发现每次都是惊险过关的!因为每一次等待结果,都是紧张不安、没有把握的,跟每一次期末考试后等着出成绩的心情是一样的。听闻自己做到了,也是舒了一口气,觉得很幸运的感觉。或许,就是凭借了一点点的幸运吧……

　　为什么在明知现状不好的情况下还可以说服自己,未来是美好的,努力和乐观面对是值得的?未来是摸不到的,不把它想坏,就只能往好了想,生活已经很艰难了,何必要为难自己呢?

　　在过往的人生中,我们曾辜负过多少爱心,忽略过多少责任,犯下过多少错误,蹉跎过多少岁月?但这些都已经随着时间的流逝,像轻烟一样随风飘逝。回顾过去不是为了沉湎过去,而是为了今天和明天。有位心理学家曾说过，你所不愿意面对的事物，藏着内心的真实恐惧。我们可以选择直面恐惧，与之起舞，也就可以支配自己的人生。

就好比越是害怕失去，越是把一切人和事物抓得紧紧的，这样患得患失反倒会让自己心神不宁，甚至破坏你与他人的关系。

而当你选择去探究自己到底在害怕失去什么、根源在哪儿时，才能从本质上开始自我疗愈，而不是用抵抗去迎合另一种控制。

愿你我都拥有"不畏过去，不惧将来"的勇气，也希望我们都能直视内心的那份恐惧，找到新生的力量。

第四部分
从平凡到卓越的六大能力

第四部分

从平凡到卓越的六大秘方

第十章 活在当下

●活在当下：实际一点，不要空想，不要拖延

禅宗有一句很知名的禅语叫作"活在当下"，是指人应该放下过去的烦恼，舍弃未来的忧思，用全副精神承担眼前的这一刻。失去此刻就没有下一刻，不能珍惜今生也就无法向往来生了。

释迦牟尼问弟子："人生究竟有多长？"

有人说："五十年。"

"不对！"

"四十年！"

"三十年！"

释迦牟尼摇头，说："不对。"

弟子们非常不解，便问道："那么人生究竟有多长呢？"

佛祖笑着指着自己的鼻子说道："人生只在呼吸之间。"

人每一刻都在蜕变，呼吸间，你已不是刚才的你。

所有的过去都是为了让我们来到当下，而所有的未来都取决于我们现在的想法与行动。所以，对于生命，我们应该把握现在，活在当下。

人生中，有很多的事情是难以预料的。就如同一对恩爱夫妻，他们不管是兴趣、价值观、思想、信仰都极其投缘，这就是所谓的灵魂伴侣。但即便找到如此契合的伴侣，也不见得就能够幸福美满地永远生活在一起。原因在

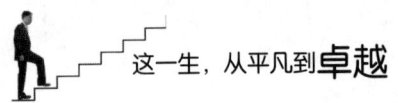

于"无常"。

人生中有太多的变数是人所无法掌控的,如意外事故、疾病等。越是恩爱的夫妻,越是难以承受这不可预测的变数。所以,为什么要"活在当下",而不是渴望"追求永恒"?因为谁也不知道未来会发生什么事情,人却可以把每一天都当作生命中的最后一天,以这种心态去面对人生,就算真的发生不可预料的事情,人生也就了无遗憾了。

如果人生只有昨天、今天和明天,相信每个人都会非常珍惜今天的每时每刻。昨天,无论是痛苦还是幸福,是成功还是失败,都已经不重要。因为,昨天的一切,都已经交给了岁月的风沙,都已经交给了时光的隧道……

●世界从来不缺乏美丽,只缺乏发现美丽的眼睛

黑格尔曾说:"世上不是缺少美,而是缺少发现美。"其实,黑格尔的原话是这样讲的:"假如不缺少发现美的眼光,那么你在每个人、每件事物身上都可以发现美,在受到美的吸引的同时,还能感受到很大的快乐。"无独有偶,法国著名雕塑家罗丹也说过类似的话:"生活中从不缺少美,而是缺少发现美的眼睛。"

同是一个烂泥塘,有人从它身边走过无数次而熟视无睹,有人却欣喜地看到盛开的荷花;同是一把旧椅子,有人对它不屑一顾,有人却从中发现了古色古香。前一种人总是唉声叹气,后一种人总是快快乐乐。之所以会产生完全不同的结果,原因就在于是否有发现美的眼睛,是否用欣赏的甘霖去滋润原生态的生活。

其实,这个世界上有很多美好和美丽的东西,之所以没有被发现,也许是被忌妒蒙蔽了双眼,只看到对方的缺点而忽略了他的优点;也许是太过自卑不敢相信自己的长处;也许仅仅是因为这一天心情不好……

美和丑并没有绝对的标准,世上没有纯美的事物和纯丑的事物。大千世

界呈现在每个人眼前，每个人看到的东西可能一样，感受到的东西却大相径庭。而看见美或看见丑，关键在于每个人的欣赏眼光。

一样的路面，可以像"麻子"，也可以像"酒窝"；可以让人心烦生厌，也可以生动有趣。美与丑，全在人的选择。

丑和美是相对的，也是互为衬托的。正所谓，美中有丑，丑中也有美。

唐代诗人王维有诗云："明月松间照，清泉石上流。竹喧归浣女，莲动下渔舟。"这首诗里的每一句都是对景物的描绘，无论哪一句都算不上名句，但几句糅合在一起，就有诗中有画、诗画交融、情景交织的境界了。所以，美是需要去发现的。

生活不易，我们常常面临生活中的各种困难。生活最美的部分，从来不会像美酒盛在装饰考究的酒杯里那样端到你面前，而是要经历过重重考验才能品尝到。遇到困难忘记原则，选择对自己有利的路径，是胆小的逃避，更是自私的狭隘。这样的人终究会尝到生活的一杯苦酒。

世界是矛盾的，有丑陋就会有美丽，关键在于我们看到的究竟是什么？请记住这句话：世界从来不缺乏美丽，只缺乏发现美丽的眼睛。睁开你睿智的眼睛，去感受生命的美吧！

●生命只有两种可能：越来越好或越来越差

大师兄觉得：生命只有两种可能：越来越好或者越来越差。世界不是永恒不变的，当我们以为自己没有改变的时候，其实已经落后了。你希望生命越来越好还是越来越差？相信每一个人都希望生命越来越好。可如何才能让生命越来越好呢？答案就是让此刻越来越好！因为我们的过去决定了我们的现在，而我们的现在又决定了我们的未来。

很多人总想着把生活过得越来越好，总期望找到对的人与自己一生相伴。那么，到底如何才能让自己的生活状态越来越好呢？

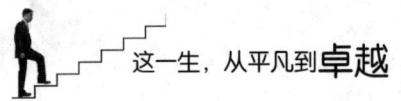

1. 读书，除非自己不想进步

读书能让个人的阅历得到提升。不要觉得只有旅行才可以增长知识，其实读书才是性价比最高的提升自己的方式。读书，不仅可以感受他人的生活感悟，还能领略到自己未曾到达的远方，因此每天要记得读书。

2. 培养并坚持一个兴趣爱好

特别喜欢做的一件事并不一定是个人爱好，真正的爱好能够让自己感到愉悦和放松。例如，跑步就是一个非常大众化的爱好，但真正坚持下来的没几个人。

3. 善待周边的人

周围人有些是希望你过得更好的人，有些是给你添乱的人，但不管是哪一种人，都不要让他们过于影响自己的状态，尤其是那些让自己生气发怒的人，没必要为了他人的一句话而大动肝火。

4. 保持好身材

保持好身材，不仅可以让自己看上去更加协调完美，还能给他人带去视觉上的享受。好的身材能让人心情愉悦，同时也意味着自己是一个非常严格自律的人。

5. 生活越精简越好

朋友不是越多越好，钱财也不是越多越好。朋友一两个足矣，多了反倒会让我们无暇照顾好真正的朋友；钱财也是如此，够用就行。

●多维思考：拆掉头脑里的墙，给思维插上翅膀

前几年，有一部影片叫《盗梦空间》，看完这部影片的时候，很多人感到非常恐惧。在国外，它只是一部影片，一种娱乐形式。

《盗梦空间》讲什么呢？主要讲了两个概念。

第一个概念讲爱因斯坦的相对论，梦里的时间和梦外面的时间绝对是两

个概念。

第二个概念讲爱因斯坦的另一个理论，宇宙的六维空间。《盗梦空间》里那个梦总共有几重？很多人看到三重、四重、五重，其实总共有六重。

爱因斯坦认为，世界是六维的。对于生命来说，掌握的维度越多，智慧越高。举例来说，人类掌握的是三维，蚂蚁掌握的是二维。相对蚂蚁来说，人类就是神。如何理解？蚂蚁永远只会在平面上活动，蚂蚁只能听到人类的声音，却看不到人类的身体，所以对于蚂蚁来说，我们就是神。

对于我们来说，不仅没有办法去体验四维的世界，更没有办法去体验六维的世界，但起码我们知道世界是三维的。这代表什么呢？代表生命中任何事情都有三种以上的可能性，任何难题都有三种以上的解决方案。

在现实生活中，我们经常把自己逼向绝境。可是，当我们被逼向绝境的时候，并不是生命把我们逼向了绝境，而是自己的维度不够。生命是多维的，生命是一个系统，一定要学会多维思考。

世界是多维的，需要多维度思考。现代社会极具竞争性、挑战性和开拓性，只有多维思考，才能适应现代社会的发展需要。

1. 参加各种创造性活动

通常思维都是在问题情境中发生的，是在解决问题的过程中发展的。创造性思维亦如是。积极参加创造性活动，在活动中进行积极的创造，就会遇到各种常规思维所不能解决的问题，这些问题会迫使你动脑筋、想办法，进行创造性的思维活动。因此，积极参加各种实践活动，特别是富有创新性的实践活动，是培养自己创造性思维能力的重要方法。

2. 积极进行发散性思维训练

创造性思维虽然是聚合思维和发散思维的统一，但发散思维更集中体现了创造性的特点。因此，在生活、学习和工作中，要有意识地进行发散思维训练，以便提高自己的创造性思维。做一件事，可以设计两种、三种甚至四种方案。遇到一个问题，不要局限于一个维度的思考，不能满足于一个答

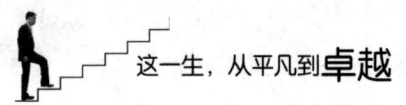

案,应该进行二维甚至多维思考,走出常规、广思多虑、标新立异、久而成习,创造性思维能力就会提高。

3. 学会捕捉灵感

灵感是人脑以最优势功能加工处理信息的最佳心理状态,会给人一种豁然开朗、妙思突发的体验,使百思不得其解的问题顿释。调查表明,在很多发明创造和创作过程中,大多都出现过灵感。灵感具有突发性、瞬间性,来也匆匆,去也匆匆,不易捕捉,非常神秘,可遇而不可求等特点。其实,灵感的出现,也是有规律可循的:灵感是深思熟虑的产物,灵感总会出现在个体紧张思维后精神松弛的状态中。

●毛毛虫眼中的世界末日:蝴蝶

毛毛虫认定的世界末日,我们称为破茧成蝶。对危机的处理,最能检验人们的基本素质。不要放大自己现在所处的困境,也许它没那么严重,甚至还有可能是个转机。没有人愿意遇到危机,但危机常常不期而至。

1910年,一场特大象鼻虫灾害席卷了美国的亚拉巴马州的棉花田,虫子所到之处,棉花毁于一旦,棉农们欲哭无泪。

亚拉巴马州是美国主要的产棉区,这里的人们世世代代种棉花,但这场象鼻虫灾害使人们认识到:仅种棉花是不行的。万一再爆发象鼻虫灾害,一年的收成就又没了。于是,人们开始在棉花田里套种玉米、大豆、烟叶等农作物,尽管棉田里还有象鼻虫,但根本不足为患,少量的农药就可以消灭它们。最后,棉花和其他作物的长势都很好,多种农作物的经济效益比单纯种棉花要高4倍。

从此,亚拉巴马州的经济走上了繁荣之路,人们的生活也越来越好。

不可否认,亚拉巴马州经济的繁荣应该归功于那场象鼻虫灾害,是象鼻虫让他们学会了在棉田里套种别的农作物。

其实"危机"一直都包含着两个方面的内容：危险和机遇。只不过，很多人都习惯性地只看到"危险"，而看不到"机遇"。既然危机已经发生，就不要叹息，更不要沮丧，要用心去捕捉危机中的转机，走向一个新的开始，迎接更好的未来。

天无绝人之路，是规律，也是常识，这里关上一扇门，那里就会打开一扇窗！跳出"只会从门口走"的思维定式，迅速从"窗口"跳出去，展现在眼前的道路可能会更宽阔。

第十一章 焦点在外

● 人生有三求

1. 内求——自我成长

焦点在外,我们如何来理解?"焦点"解释为注意力、关注点;"外"解释为外在的,看得到的,能感受得到的。焦点在外,我们的注意力要放在别人能看得到的地方,能感受得到的地方。焦点在外就是"利他,把我们的关注点放在别人的身上,不要只顾着自己的感受,要时刻站在对方的角度去考虑问题,在跟人相处时要让别人能感受到温暖,说得简单点就是做人不要自私"。

先成长,后成功,是世界教给我们的一个道理。树苗要吸取养分才能成为巨木,狮子要从小学习捕猎才能成为王者,如果树苗、狮子都不去努力成长,那么还会成为巨木和王者吗?

成长是什么?说一个人成长了,通常意义上不是指他的身体长高了,或年龄大了,而是指他在精神和思想层面更加成熟了。成长,意味着一个人的思想更丰富,心灵更充实,能力更强,经验更丰富,意志更坚定,处事更圆润。停止成长,则意味着一个人停止了对思想和精神境界的追求,就像一棵树的树枝不再伸向天空,没有了触摸蓝天的渴望,即使活着,也没有了梦想和激情。

每个人所处的环境不同，成长经历也不一样。有的成长能让人学会感恩，有的成长使人阳光，有的成长让人成功。所谓成长就是改变，放弃改变，也就放弃了成长。所以，积极拥抱改变，才会一次次获得成长。

成长，会让你不断看到自己的边界。所谓的脱胎换骨，就是不断成长造就的。我们应该在不断的自我成长中，历练出真正强韧的自我。只追求成功，不追求成长，着实令人悲哀。如同造房子，只追求房子的高度，却不努力把地基夯实，房子到了一定的高度必定会倒塌。

只追求成长，不追求成功，并不可取。所谓的"只问耕耘，不问收获"其实表达的也是同样的道理：耕耘是不断地成长，收获是必然的结果；只向往结果，必然揠苗助长，最后只能枯萎而死。

鸡蛋，从外打破是食物，从内打破是生命。人生亦如是，从外打破是压力，从内打破是成长。如果你等待别人从外打破你，那么你注定成为别人的食物；如果能自己从内打破，那么你会发现自己的成长相当于一种重生。

成长是痛定思痛后的喜悦，成功是千锤百炼后的淡定！或许他人可以阻碍你成功，但谁都阻碍不了你成长！

2. 外求——请人帮忙

人生在世，既有风雨也有晴天，谁都需要别人的"搀扶"。有这样一个故事：

寒冷的冬天，一个卖包子的和一个卖被子的同到一座破庙中躲避风雪。天很晚了，卖包子的很冷，卖被子的很饿，但他们都相信对方会向自己求助，谁也不先开口。

过了一会儿，卖包子的对自己说："吃个包子，先填填肚子。"卖被子的对自己说："盖上条被子，暖和暖和。"片刻之后，卖包子的吃了个包子，卖被子的又盖了条被子。

就这样，卖包子的一个个吃包子，卖被子的一条条盖被子，谁也

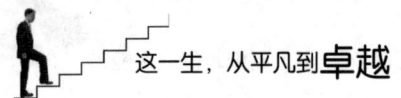

不愿向对方救助。最后,卖包子的冻死了,卖被子的饿死了。

人若敬我,我便敬人;人若爱我,我便爱人;人若求我,我便求人;人若予我,我便予人。上面故事里的两个人僵持到死,不是不肯付出包子和被子,而是不肯付出一点求人的尊严,最后只能是一个冻死一个饿死。所以,在现实生活中,要主动寻求他人的支援。一个人力量有多大,不在于他能举起多重的石头,而在于他能获得多少人的帮助。

主动寻求别人的支援不是件丢脸的事情。人互有短长,我们解决不了的问题,对他人而言可能就是轻而易举的事情。记住:他人就是你的资源和力量。

处在万物共存的和谐社会,单打独斗是行不通的。多数人都乐于助人,只要认定他们能帮上忙,就要大胆开口求助。但在开口时,应简单明了地陈述要求,不要展现出一副咄咄逼人的姿态。

尽管如此,有些人一提到求人就皱眉头,甚至羞于告人,对求人怀有一定的偏见,认为求人是卑躬屈膝、低三下四的。他们总会略带自得,然后对他人说:"我不喜欢求人。"

立身处世,虽然要自力更生,不轻易靠人,但社会毕竟是集体的,许多事情独立难成。一个人的能力是很有限的,当你处于顺境的时候,自然不会知道陷于困苦中的滋味,就会轻易妄言自己不求人。殊不知,人生变幻莫测,怎知前路没有重重阻碍?

人生一世谁敢保证永远不求人?现实生活有太多的无奈,使你不得不去寻求他人的支援。假如你是一位待业青年,想要找到一份如意的工作;假如你是一个职员,希望平步青云;假如你是采访记者,希望紧握伟人的手;假如你有急用,希望筹借到一笔款子……这许许多多、大大小小的希望便形成了生活。

生活会迫使你有求于人,而能否得到别人的帮助,很大程度上取决于你有没有求人的技巧和策略。

凡自称不愿求人的人，多半都是人生的失败者。从心理方面分析，人的性格虽然不同，但无论性格怎样，人们都愿意适当给予别人帮助或恩惠。当你对他人说"我不喜欢求人"时，即使你的话不是向他而发，对方也会认定你的话是针对他的。他会有意无意疏远你，甚至还会产生"你鄙视他的能力"的错觉。

3. 不求——放弃

生命的价值就在于仅此一次，永远没有后悔的余地。

所有的快乐和伤痛，所有的微笑和泪水，都只能代表过去。选择了生就放弃了死，选择了希望就放弃了失望，选择了明天就不能再留恋今天。

一个行囊，装得太满，会很沉很重很累，果断放弃，才是面对人生的清醒选择。只有学会放弃那些本该放弃的包袱，生命才能轻装上阵，一路高歌。

生活，值得我们追求的东西很多，纠缠在那些毫无结果的东西上，追求那些本该放弃的人或事物，最终换来的只能是竹篮打水一场空。

（1）放弃是一种智慧。

人生的选择多种多样，执迷于某一个欲望，一颗浮躁的心就会变得沉重而压抑。理智地审视一下自己的执迷，并大胆地放弃，就会发现眼前的路其实很多。从心灵的重负下摆脱出来，心明如镜，就会身心轻松，在一种淡泊、宁静的心境中开始新的智慧的选择。

人生没有绝路，放弃是新的开始。放弃，是对自己心灵的净化，是重新奋进的心灵驿站。明智地放弃，会使你在拂袖的瞬间，重新树立起新的形象，将赢得智者的钦佩。

（2）放弃是一种境界。

没有选择放弃的大气魄、大胆识，就没有大成就。

一个人在森林里行走，一棵树突然倒下，他的一只胳膊被倒下的树压

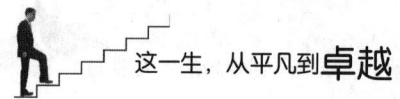

住，怎么也抽不出来。是放弃胳膊继续走路，还是守住胳膊死掉？这个人选择了将胳膊断掉，继续自己的路。最终，他活了下来。

放弃是心灵的修炼过程，是在痛苦中崛起的境界，是一种对人生的深刻的理解。老子曾多年求官而不得，正因为他放弃了求官之路，才有了《道德经》的传世，才能成为道家鼻祖。

（3）放弃是一种崇高。

攀岩接近顶峰时，罗夫曼突然一声惨叫向深谷坠去，妻子毫不犹豫地脱离崖壁，准确地搂住了下坠的丈夫，俩人紧偎着，一起坠入万丈深渊。那震撼人心的搂接动作，被摄像师定格成旷世经典。

放弃，不是怯懦，不是自卑，也不是自暴自弃，更不是陷入绝境时渴望得到的一种解脱，而是在痛定思痛后做出的一种选择。

●焦点对外三个原则：利己、利他、利灵魂

如果想拥有充裕的金钱，终极的秘密就是别想赚钱，将焦点放在如何为更多人创造更大的价值上。

只要确保自己的起心动念符合利己、利他、利灵魂三大原则，确定流通出去的能量是良善的，好的能量就一定会在机缘成熟时回流，金钱只是其中一小部分。

能够为人们创造价值，金钱及其他美好的能量自然会随之而来。这就是自然的法则，叫作"边际效应"。这里，内在的起心动念很重要，即焦点在外，首先要为他人创造价值。边际效应如何发展，我们无法预料，起心动念却是自己可以掌控的。

利己，利他，利灵魂，是边际效应的核心。所谓利己、利他就是，做任何事情都要先满足别人的需求，顺便成全自己；利灵魂则是最极致的表现，

完全发自内心地为别人服务，不求任何回报，助人为乐。

起心动念良善，并符合利己、利他、利灵魂的原则，边际效应就会往对你好的方向显化结果，你就能得到全方位的丰盛的回报与喜悦。由此，如果希望边际效应在赚钱方面显现结果，就不要将焦点放在赚钱上，而应该放在如何为更多人创造更大的价值上。

●外面没有别人，只有你自己

感觉不好的时候，很多人就想从泥沼中挣扎着逃出来。记住：凡是你抗拒的，都会持续。因为当你抗拒某件事情或某种情绪的时候，你会聚焦在那种情绪或事件上，就会赋予它更多的能量，它就更强大了。

外面没有别人，只有自己！我们的思想总在过去和未来，但我们的身体和呼吸永远处于当下。

我们的一生，是由每个当下组成的，因此要试着在每个当下保持喜悦的心！

所有发生在我们身上的事情，都是一个经过仔细包装的礼物。即使是有点丑陋的包装，只要愿意面对它，只要带着耐心和勇气一点一点地拆开它，我们也会惊喜地看到里面珍藏的礼物。

你的工作不是你的工作，你的表现不是你的表现，你的成功不是你的成功，你的失败也不是你的失败。这些外在的东西，丝毫动摇不了那个内在的真我。

你不是担心没有人爱你，你担心的是没有人用你想要的方式爱你。结果，你的担心是对的：没有人能以你想要的方式爱你，除了你自己。

有人说，知道自己要什么很重要。但我们到底要什么会随着时间的流逝而改变，所以倒不如顺着时间之流走。一切都有最好的安排。不要有太强烈

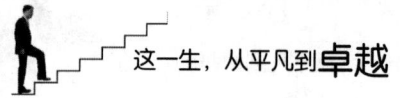

的"要"或者"不要"的期待。因为,一来自己不能操控一切,二来福祸相依,要来的未必好,没要到也未必不好。

为什么越长大越孤单,越不快乐?因为在追求快乐的过程中,离真实的自己越来越远。

每个人的人生模式都要经过长年累月的积累形成,我们每天都在不知不觉间按照这种习惯来生活。

我们追求的到底是什么?什么是世界上所有人都想要的东西?钱,谁不想要?权力,这也是很多人追求的目标!当然,我们还要健康。除此之外,每个人也都在追求爱和快乐。

危机中的婚姻,其中一方或多或少地都会向外发展,探索其他领域,这其实都是向自己的伴侣发出求救信号。在一段亲密关系中,坦诚的沟通非常重要。与亲人吵完架,一定要坦诚地与对方沟通,双方商议下次争吵时应采取的措施和预防争吵的策略。当然,有时在两个人都有一定的觉知和智慧时,争吵也是有建设性的。

真正的自由不是外在的,而是内在的。人生模式就像绑在我们身上的绳子,让我们动弹不得,只能像傀儡一样活着。只有一点点剪断人生模式带给你的牵制、制约,才能真正获得自由。

第十二章 尽心制胜

●唯有尽心才能尽力

尽心制胜，就是永远不要去想你不要的东西。成功和失败都是老天爷的事，跟你没关系。所以只要想着你想要的东西，并为此全力以赴就足够了。你希望生活得更美好，接下来生活才会美好；你希望未来更有钱，你就应该多跟有钱人在一起，而且要坚信未来一定可以更有钱。我们要全力以赴地去想自己想要的东西，这就会变成潜意识。

尽心，表现为全力以赴、用心尽力地对待工作，对安排的事情，不仅能按时保质地完成，还能科学地、富有创新性地、卓有成效地完成。尽心制胜，最重要的就是活在每一个当下，活在每一个百分之百的当下，不为过去懊恼也不为未来担忧，只是活出每一个当下，目的是为了胜，拿到赢的结果。

在执行任务的过程中，每个人都不可能一帆风顺，总会遇到这样或那样的问题。这些问题好比一座座山峰，不全力以赴地攀登，就只能在山脚下哭泣。只要保持满腔热情，全身心地投入到工作中，就不会有跨不过的高山。

一天，猎人带着猎狗去丛林中打猎。猎人瞄准一只兔子，扣动了板机，可惜只打中了兔子的后腿。

受伤的兔子拼命逃跑，猎狗在后面穷追不舍。可是没一会儿，兔子就不见了，猎狗只好回到猎人身边。

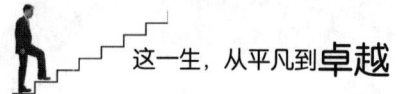

猎人责骂猎狗:"你真笨,连一只受伤的兔子都追不到!"猎狗听后很不服气,说:"我已经尽力了!"

兔子回到洞里,其他兔子立刻围过来,问:"那只猎狗非常凶猛,你又负伤了,怎么能逃得了呢?"兔子说:"它是尽力而为,而我为了活命不得不全力以赴啊!"

在执行任务过程中遭遇挫折后,有些人会找理由为自己开脱。他们说得最多的一句话就是:"我尽力了。"结果呢?失败也就成了他们的常客!对想要完成任务的人来说,尽力而为是远远不够的,更需要的是全力以赴。

在职场中,总有人抱怨自己的业绩不突出。与其抱怨,不如静下心来想一想,"自己在解决问题时想尽办法了吗?""自己是否真的做到全力以赴了?"实际上,很多人就是败在做事不全力以赴上。

想提高工作业绩,如果不改变敷衍、应付的工作作风,失败就会接踵而来。只有全力以赴地执行,才可能出色地完成任务。在职场上,把执行做到位的员工没有一个不是全力以赴的。

泰勒是美国西雅图一所著名教堂里的牧师,一天,泰勒向教会学校的学生发出了"悬赏"公告:凡是能背出《圣经马太福音》中第五章至第七章全部内容的人,都会受邀去西雅图"太空针"高塔餐厅,免费品尝那里提供的大餐。

需要背诵的内容多达数万字,且不押韵,对孩子而言难度非常大。许多学生要么直接放弃,要么浅尝辄止。几天后,一个11岁的男孩主动找到泰勒,并当着他的面,一字不落地背诵了全部内容。整个背诵过程十分流畅,就像他在照着《圣经》读一样。

泰勒十分震惊,因为在成年的信徒中,能背诵此篇幅的人也非常罕见。他对男孩的记忆力表示了由衷的赞叹,然后问他:"你为什么能背下这么长的文字?"男孩立刻回答道:"因为我全力以赴。"

十几年后,男孩成为世界著名软件公司的老板,他就是比尔·盖茨。

可见，只要全力以赴，没有什么事情是不可能的。在积极心态的驱使下，全力以赴，就会创造奇迹。

●坚定"相信"的力量

我们不难发现，身边有很多的负能量都是源自于不相信。一般没有激情的人都是因为怀疑一切成功，怀疑世间的一切美好。

王思聪事业成功了，有人会说还不是因为他爸给了他5个亿。

身边的同事升职了，领导说他很努力，但还是会有人说因为他会拍马屁。

朋友凭自己本事购了房、买了车，还是会有人说她傍上了"大款"，或是认了"干爹"。

有仇富心理的人都是穷人，为什么？因为他们总是在为自己的"不成功"找理由。因为只有这样，才会让他们自己心里舒服一些，显得有智慧一些。

正是因为不相信凭着自己的努力可以成功，所以他们放弃努力，选择安逸地等死。

所有的佛经都在告诉我们一个规律——世间的一切都是我们内心的现象而已。心理学家麦基在《可怕的错觉》中写道：你看到的只是你想看到的。也就是说，当一个人充满一种消极的情绪的时候，心里就会带上强烈的偏好暗示，情绪通过肢体动作、语言等表现出来，还会找各种理由去印证他心里的想法，以达到内心的预期。

比如，今天你的心情非常糟糕，就会看任何人都不顺眼，内心充满着暴躁的情绪，继而就会不自觉地想尽办法去挑别人的毛病，好让内心的情绪得以宣泄。甚至一个善意的微笑，也会被认为是嘲笑；一句善意的提醒，会被

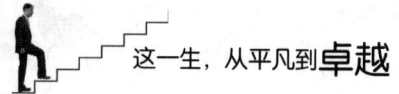

当作是多管闲事。这一切都是因为你不愿意相信世间还有美好,你内心里只有不满与愤怒,所以你看到的一切都是"看不起"与嘲笑。

我们所看到的世界,来源于我们选择看到什么。你相信什么,你就会看到什么。你相信这个世界是黑白不分的,你就会踏入黑白不分的世界里;你相信你是一个平庸的人,那你这一辈子就注定碌碌无为;你认为世界存在潜规则,你就会发现潜规则无处不在。

同样的,如果你相信努力可以创造奇迹,那么你就会努力,而努力就会有或大或小的收获,最终你就会收获成功;如果你相信这个世界都是真善美,那么你会变得善良,上天会眷顾善良的人,你会变得越来越幸运。

你相信自己能完成十年赚一个亿的"小目标"吗?许多人是不相信的,他们会选择安安稳稳地上班。当然,赚一个亿的"小目标"很难实现,但有些人是真的相信,所以他们会想方设法去努力,最后可能真的赚到了一个亿。预测未来最好的方式就是创造未来,创造未来从相信"相信"的力量开始。

你的内心相信什么,你的人生就会靠近什么。这句话的意思是,你"相信"的,就是你的命运。你相信了什么,才能看见什么;你看见了什么,才能拥抱什么;你拥抱了什么,才能成为什么。所以,你的命运就从你"相信"那一刻开始改变,朝着你相信的方向前进。

每个人都有自己的事业,每个人都有自己的生活。无论是事业还是生活,相信"相信"的力量,就能创造奇迹。所以,当你别无选择的时候,请一定要选择相信,因为相信能带给我们力量。

●尽心虽不能皆制胜

成败取决于奋斗的程度,能够在奋斗过程中充分享受快乐的人,常常是最后取得成功的人。在充分享受奋斗的过程中,他们会倾尽全力,认真地对待每一次机会。

很多人经常会说一句话：尽力而为！就是我有多大的力量，我就去使自己多大的力量，最后当达不成所要的结果时会说一句："我尽力了！"想必多数人都会同意这样的说法，认可这样的说辞，因为我们自己又何尝不是这样认为的呢？这句话的背后透露的意思是我的能力有限，我做不到的原因不是因为我不想做，而是我的能力不够，我能想到的方法都已经试过了！我想我们都有权利和理由在我们的生命中不断地去重复这样一句简单而不能再简单的话了！

重点是，当我们说这句话的时候，我们停止了自己的成长，停止了探索，停止了一切尝试，自然也就放弃了一切的可能性，再也不会有机会了！这样的话说起来真的很简单，不过当我们在生命的乐章中放置这样的休止符的时候，所有的美好也就戛然而止！1999年，如果当时马云在创建阿里巴巴的时候说上几句这样的话，那么结果会怎么样呢？马云当时有足够充分的理由去告诉所有人，他真的尽力了，因为在当时的中国，互联网真的是一个全新的事物！他几乎用尽了自己所有的钱，自己的房子都变成了会议室，还动用了身边所有的资源。也许当时身边的朋友也会善意地告诉他：不行就别做了！没结果的！放弃吧！不可能的！

马云尽力了，不过他还要尽心，因为他想制胜。当他发现自己尽力都做不到的时候，他还在尽心的状态中。所以他开始创造，开始想办法，开始找人来帮忙，找合作伙伴，找资金。他一直在为自己的未来全力以赴！

原来让一个人尽力的是尽心！唯有尽心才能尽力！尽心是开始，尽力是过程，最后制胜就是结果了！

淘宝是阿里巴巴旗下的一个重要组成部分。2003年，马云在组建淘宝的整个过程中，或许只能用4个字来形容：尽心制胜！

当时淘宝的组建是秘密进行的。他找来公司的一些员工，告诉他们有一项秘密工作需要大家一起去完成。不过这个任务很艰难，时间会很长，也许

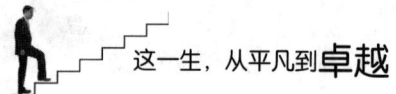

需要两到三年的时间才能完成。当时马教练对淘宝的态度就是：尽心制胜，制胜不发生，尽心就不会停！做一件事开始时候的态度和起心动念真的就已经注定了一件事的结果，而且在项目没有实现制胜之前不能有任何的承诺。

就这样他们这个项目组所有人都带着尽心制胜的决心，每一个人都有视死如归的雄心壮志，搬回当初阿里巴巴的创业基地——湖畔花园。

当时还赶上了"非典"暴发期，情况非常严重！不过，马云的尽心制胜的决心影响了整个公司。"非典"不仅没有让公司停下来，反而凝聚了团队！团队在面对"非典"这样危险的情况下，各自回到家里办公。这段经历为阿里集团的强大奠定了基础。

对一个嘴边经常挂着"我尽力了"这样话的人，可能遭遇一次困难和挫折就足以致命！但对于那些心怀尽心制胜决心的人来说，困难和挑战永远是一种恩典！

尽心制胜的阿里项目组，只用了120天的时间就创造了淘宝。2003年5月10日淘宝上线。在没有任何推广活动的情况下，20天后，淘宝迎来了一万个用户。

不光是淘宝，包括阿里巴巴、天猫这些阿里集团旗下所有的项目都是在这样的信念下完成直到上市的！

马云带领着阿里集团取得的成功，大家看到的一定是胜利的光环、喝彩和成就！而这种成功的背后，彰显了马云和"阿里人"那份尽心制胜的决心！

尽心制胜，成为一种信念，成为一种态度，成为一种思想和精神，最后成为"阿里人"的最高信仰！

当年在《赢在中国》栏目的那些企业家们，包括柳传志、俞敏洪、史玉柱、牛根生，试问有哪个企业家不是心怀尽心制胜的信念，面对了所有的困难，迎接了所有的挑战，并且在困难和挑战中，甚至是在关乎生死的市场厮杀中找到了自己可以生存的空间，最终成为王者！

如今，马云已经不单单是个名字了，他已经成为一个行业的代名词，他已经成为一个时代的符号，更成了这一代中国最优秀企业家的代言人！

尽心虽不能皆制胜，而尽心时的那种敢打敢拼的态度何尝不是一种制胜呢！"胜"贯穿于整个追逐理想和目标的过程中，"胜"就是实现理想和目标的绝对条件！胜利是一个从量变到质变的飞跃。工作中完成既定目标为胜，竞争中拿到成果为胜，合作中达成双赢为胜，团队协助中确保大局利益为胜，困局中突破创新为胜，迷惑中紧盯目标为胜，挫折中坚韧不拔为胜，低迷中振兴自己为胜，混乱中反思自己为胜，逆境中冷静从容为胜。

"尽心"才能尽力，尽力不能成为一种推脱之词，只有尽心才能充分发挥自己的能力，才能创造出各种可能！万事万物符合自然规律，付出就有回报。围绕目标尽心竭力，目标就能水到渠成！

尽心制胜！胜制尽心！最大的胜利是触摸到了心的尽头！

●坚持是唯一的成功之道

失败的原因有很多，最主要的原因就是没能坚持到底。

"三百六十行，行行出状元"的古语已经被证明，不是行业不行，不是公司不行，不是机遇不行，而是人的原因。人没有足够的耐心坚持下去，才导致了最终失败的结局。

生活中，很多人在关键时刻都没有再努力一点，因为他们认为，再继续下去也不能成功，不如放弃算了。但是，成功就是坚持创造出来的，坚持就是成功的基础，懂得坚持，才会到达成功的彼岸。

对很多人来说，放弃太容易：工作不顺心，我不干了；技能学不会，我不学了；一本书几个月了还看不完，我不看了……生活于世，总是会遇到一些难以克服的困难和难题，可这些遇到的问题真的就应该直接放弃吗？

工作不顺心，大多数都是因为自己干不了或完不成。这样的放弃，显得

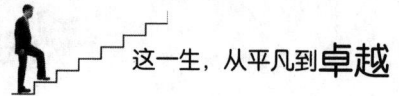

太草率，毕竟所有的工作都需要努力坚持才能胜任。三天打鱼、两天晒网，在荒废了青春之后，终将一事无成。

不能坚持在一件事情上持续努力，只能在还没完成的某个时间点功亏一篑。这样的放弃，只能让自己损失更大，不仅荒废了青春，还会错过能力的培养。没有一技之长，就不能在专业领域成为高手或专家，自己的价值也会大打折扣，失败也就不可避免。

不能在自己的领域坚持，就无法拓展生命的宽度，永远都只能做着最简单的工作，拿着微薄的工资，艰难地生存。这样的人，比比皆是。

俗话说，坚持就是胜利。任何缺乏坚持的努力，都是"三分钟热度"。浅尝辄止的痛苦会让人在选择的路上无所适从，每件事情都从零开始，到头来只能是虚度了青春和光阴。

成功没有秘诀，贵在坚持不懈。任何伟大的事业，成于坚持不懈，毁于半途而废。其实，世间最容易的事是坚持，最难的事也是坚持。说它容易，是因为只要愿意，人人都能做到；说它难，是因为能真正坚持下来的，终究只是少数人。成功为什么吸引人？是因为成功的路上只有极少数的人，所以说难能可贵。巴斯德有句名言："告诉你使我达到目标的奥秘吧，我唯一的力量就是我的坚持精神。"

第十三章 降格以求

●生命中最大的问题，就是觉得自己没有问题

纷繁的世界上，任何人都不是没有问题的人。每个人都如负重的骆驼，在无垠的沙漠中艰难跋涉。其间，层出不穷的各类问题总会不请自来，困扰着我们的心，迷茫了我们的眼睛，牵绊着我们的脚步，继而构筑成一个人生问题库。

没有问题的人生是不存在的。只要你活着，问题就会接踵而来，只有解决问题，才会获得快乐；只有解决问题，才能获得幸福；只有解决问题，才能学会生活。

学习同样也是如此。问题一定会存在，只是有些人能够敏锐地发现问题，有些人却迟钝地等到问题演变为灾难时才后知后觉。

现实生活中的你是个有问题的人吗？已经习惯了一种工作或生活状态的你，是不是已经深陷其中，不愿改变，觉得自己生活的一切都没有问题？你是否对生活和工作丧失了思考的能力和观察的智慧？如果是，那真是一件危险的事。

没有问题的你，只是一种表象。没有问题的你，正面临一个最大的问题，那就是丧失了发现问题的能力。这样，无异于身处险境却不自知，多么恐怖！

在工作和生活中，只有有心人才会发现问题。如果从来不觉得工作或生

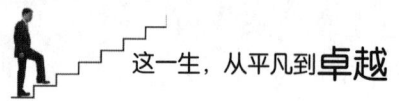

活中有问题，那么一定不是因为他的能力已达到某种水平，而是因为他缺乏自动自发的态度。所以，一定要学会发现问题！

不能让自己处于一个没有问题的状态，也不能让自己处于一个发现问题却找不到问题症结所在的状态。如何让自己摆脱这两种状态呢？要多记录、多观察，观察生活中细小的不同之处，再寻根纠源，从问题可能出现的几个方面入手，逐一排查。

在"遇到问题—解决问题—遇到新问题"的循环往复中，你已经慢慢成长为经验丰富的人。不管是学习上的问题，还是生活中的问题，或者是人生的大问题，只要不忘思索，勤于探索，总会找到最根本的解决之道，让自己在成功的道路上跨越一个又一个障碍。

●所有的问题都是自己的问题

《孟子》云："行有不得，反求诸己。"事情做不成功，遇到了挫折和困难，人际关系不好，等等，不要怨天尤人，而要反躬自省，一切从自己身上找原因。

俗话说得好：会怪的怪自己，不会怪的怪别人。烦琐工作中的小失误、小漏洞，不能去抱怨，要换一个角度，平心静气，勤思考，多从自身找原因，才能进步。

同样是责，同样是求，结局会有天壤之别：责求他人，不仅会让自己陷入死巷、进退无路，还会招来他人的怨恨；责求自己，不仅会柳暗花明、前程无量，还能受到众人的敬仰。这种理智和反省，是自我内心的塑造，是道德高尚者所必需拥有的品质。

当我们送花给别人的时候，先闻到花香的是自己；当我们抓起泥巴抛向别人的时候，先弄脏的也是自己的手。因此，遇到事情不抱怨、不推诿，凡事要多从自身找原因。

●要求他人做到的前提,是自己先做到,以身作则

作为一个普通人,要想获得别人的尊重,就必须具有他人所没有的优秀品质;作为一个管理者更是如此。在一个企业里,员工之所以服从管理者的管理,其理由不外乎以下两种:一是管理者的地位高、权力大,不服从则会遭到制裁;二是管理者对事情的想法、看法、知识和经验较他人高一等。跟着他做事,不用担心会出错。在这两个条件中缺少任何一项,员工都有可能离去,或者与管理者分庭抗礼、势不两立。

有一句话讲道:"善为人者能自为,善治人者能自治。"一个企业的业务能否在激烈竞争的潮流中得到发展,一个管理者能否很好地管人理事,关键在于管理者是否有自律的意识,是否能身体力行、以身作则。

"新员工因为企业而来,同时90%的新员工前3个月离开只是因为他的直接上司。"坚持立场是管理者最重要的事情之一。坚持立场有3个层面的含义:

第一个层面,坚持立场,但由于管理者对员工缺乏信任与沟通,最后把员工干掉;

第二个层面,在坚持立场的同时,做好员工的沟通,真正做到晓之以理、动之以情,让员工认识到错误。毕竟管理者的3个角色,第一个就是"为人师",而"为人师"的第一个工作就是"传道",教会员工做人的道理;

第三个层面,因为平时的用心,有了较强的信赖感,在让员工认识到问题的同时,意识到管理者是真心为自己好,真正做到"闻过则喜",用心成长。其实管理者只要能够做到4个字——以身作则,那么,从第一个层面起,失败的概率就会大幅下降。

无论带团队也好,日常生活也罢,我们经常会对别人提很多要求,但这些要求,可能连提要求者本人都做不到。在这种情况下,相信被要求的人肯定会有抱怨:自己都做不到,凭什么要求我做到!

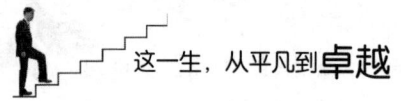

有个孩子特别崇拜甘地,也特别喜欢吃糖。所以,孩子妈妈就希望甘地帮忙说服自己的孩子,不要吃那么多糖。这位妈妈千里迢迢找到甘地,甘地却对她说,请你一个月以后再来。妈妈说,我们赶了很远的路,路上要走好多天,能不能请你现在跟孩子说一声?甘地说,还是请你一个月以后再来吧。一个月以后,妈妈又带着孩子千里迢迢地赶来,她跟甘地说,这次你能跟我的孩子说一下吗?甘地说,孩子把糖戒了吧,不要吃糖了。妈妈问同样的话,为什么一个月前不说?甘地说,因为我也爱吃糖,刚花一个月时间把糖戒了。

每个人对别人的影响都是一点一滴而来,先改变自己,再去影响别人!要想别人做到,首先自己要做到!

一个管理者,职位越高越应重视给人留下好的印象。因为,他总是处于众目睽睽之下,具有示范作用。以身作则、洁身自好,过不了多久,员工就会照着他的样子去做。管理者的言行举止是员工关注的中心和模仿的标杆。中国台湾塑胶集团董事长王永庆曾说:"勤俭是我们最大的优势,放荡无度是最大的错误。"他是这样说也是这样做的。在台塑内部,一个装文件的信封他可以连续使用30次;肥皂剩一小块,还要粘在整块肥皂上继续使用。王永庆认为:"虽是一分钱的东西,也要捡起来加以利用。这不是小气,而是一种精神,一种良好的习惯。"

"要提高商业效益,首先要求管理者以身作则,起好带头作用。"这是被称为日本"经营之神"的松下幸之助在晚年总结自己的成功经验时说过的一句话。松下幸之助的这句话告诉我们,管理好企业要从管理者自身开始,管理者要以身作则,率先示范。

优秀的管理者对自己的要求之高远甚于员工,优秀的管理者常会站在客观的立场设身处地地为员工着想,所以他们能获得员工的尊重。试想,如果你是一名普通员工,但管理者只懂摆架子、下命令、举鞭子,却从不深入工作现场,你的心中会作何感想?也许你会认为这就是管理者与员工的区别,但心中肯定也会有说不出来的不舒服。

●愿意谦虚低调地做人

在《易经》中,有一个卦叫作谦卦,有的人说这个卦是易经当中唯一一个六个爻没有凶的卦,这意味着谦虚是美好的品德,人只要能够做到这一点,任何情况下都会大吉而无不利。

谦卦的卦象,上卦为坤,为地;下卦为艮,为山,所以这一卦叫作地山谦。在自然界,地是平的,而山,都高出地平面。在这一卦里,本来高的山,却放在平地的下面,这是什么意思?这就是谦的寓意,启示我们人生就是要做到谦。谦在这里,包括了两层含义。一是山把地立在自己的上面,表示谦恭;二是本来高的山,却把高让给了地,而让自己居地之下,这是表示谦让。这正是我们人生需要具备的美德,也是会受到人们普遍称赞的美德。

地,不怕位置低,才能聚水成海;人,不怕身份低,才能孚众成王。

世间万事万物,都始于低,成于低。低是高的发端与缘起,高是低的嬗变与演绎。低调做人正是一种终成其高、必成大器的哲学。

两只大雁与一只青蛙成了朋友。秋天很快到来,大雁要飞回南方,舍不得与青蛙分开。

大雁对青蛙说:"要是你也能飞上天多好呀,我们就能经常在一起了。"

青蛙灵机一动:它让两只大雁衔住一根树枝,它自己用嘴衔在树枝中间,三个朋友一起飞上了天。

地上的青蛙都羡慕地拍手叫绝。这时有人问:"是谁这么聪明?"

青蛙担心错过了表现自己的机会,大声说:"是我想出来的……"话还没说完,便从空中掉了下来。

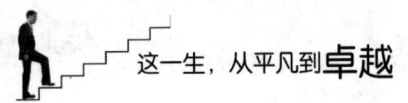

不要太当自己是回事,坦诚而平淡地生活,才能更快乐。反之,把自己当作珍珠,就时时有被埋没的危险。

低调的人,不张扬,不炫耀,他们不显山不露水,会在看似平淡无奇中厚积而薄发;他们能在事态纷扰中,坚持淡定从容的志趣,以平和的心态去面对风雨莫测的人生;他们懂得把自己融入人群,与人和谐相处,是人群中的谦谦君子;他们有一种儒雅的风度,以自己人格的魅力,为自己赢得更多的掌声;顺境逆境都难不倒他们,平时的为人处世态度,决定了他们进可攻、退可守。

低调做人,是成熟的标志,阅尽了世事沧桑的人,才会懂得低调做人的重要。

低调做人,是生存的大智,是一种韧性的技巧,更是一种哲学观的智慧。

第十四章 以终为始

● "以终为始"——自我领导的原则

史蒂芬·柯维在《高效能人士的七个习惯》中提到的第 2 个习惯就是"以终为始"。柯维博士认为，凡事都经历了两次创造的过程：第一次是在大脑中思考规划的过程，第二次是根据思考规划实践的过程。做一件事情，只有想清楚了再去做，才会少走很多弯路。当然，"想清楚"更多强调的是"为什么"，不见得是"怎么做"，做的过程或许会有很多的更新，但目标依然存在着它的指导意义。

什么是"以终为始"呢？举个最简单的例子，我们要建一座漂亮的房子，怎么开始？总不能说，兄弟们，我们先干起来吧，边干边改，这样显然不行。正确的方法一定是先描绘出想象中的样子，再开始基础设计、主体设计、外墙设计、景观设计、室内设计；然后，出各种施工图；最后就是拿着图纸开干。心中有了"终"的样子，才知道如何去"始"，这就是"以终为始"。

"以终为始"是一种思考人生的方式，是一种遇事之后的态度和处理方法。在做一件事情之前，先要问问自己想要什么结果，为了得到这个结果必须做些什么。如此，才会有更好的结果。

"以终为始"是一种二次的创造，先在脑海中构造出最终的蓝图，即智力上的第一次创造；然后，付诸实践去执行，即体力上的第二次创造。

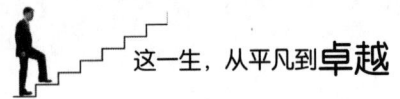

部门召开例会，领导给下属布置任务。小李负责销售计划，小王负责销售计划的执行，小张负责客户的接待，小刘负责后勤支持。

小王问，这样做的整体目标是什么？经理回答说，你不用管，只要按我说的办好你自己的事情就行了。

表面上看起来，这个经理很能干，任务布置得井井有条，每个人都有事情做。其实，问题很大。虽然每个人都得到了具体的工作分工，但整体目标、部门要在什么时间完成什么任务到什么程度，却没有任何讨论。

每个人虽然都知道要完成任务，却不知道任务的终点和全貌。下属不知道自己做这件事情是为了什么，它的意义在哪里。这样做是达到目标最好的方式吗？为什么要我这样做？不清楚管理者心目中的目标，下属就无从判断自己的做法是否合理，只能小心翼翼地按上司规定的方式做事，不能有任何的创新。本来部门有十几个脑袋可用，结果现在却只有一个脑袋在思考，其他有脑袋的人只能做经理的手脚。

管理其实就是"以终为始"。所谓"以终为始"，就是和下属讨论并制订合理的整体目标，清晰地告诉下属我们想要达成的目标。管理者这样做，下属就能理解自己工作的意义，就能使用自己的大脑，根据整体目标调整自己的行动，如此就能大大提高工作效率；不这样做，下属就不能理解自己工作真正的意义，不能思考如何才能更好地配合领导和其他同事，就会难管、没有向心力、没有热情、不主动，就会让管理者头痛。只有"以终为始"，才能提高团队的凝聚力和效率。因此，管理者必须养成"以终为始"的习惯。

●老祖宗的智慧：三思而后行

"三思而后行"是老祖宗留给我们的箴言，让我们受用无穷。先确定想要什么样的结果，再从结果出发去实现目标，这样的策略和计划才会更有动力。

　　做事情要有目的性，对于初次遇到的需要处理的事情，更应该静下心来想想，处理这件事情我们想得到什么结果，付诸行动之后能否得到这样的结果？应该怎么去做？年轻气盛的人，做起事来就会冲动。没经过思考，就鲁莽行事，往往收效甚微。事前"雷厉风行"，事后就会后悔不已。因此，凡事不要急于行动，应先仔细想想，想好了再仔细说、仔细做。

　　三思而后行，才是智者的行为。冲动是能够吞噬人心灵与理智的魔鬼，千万不要在冲动的时候做出无可挽回的傻事。做事凭一时冲动，不思考后果如何，让非理性的思想占据了头脑，只能做出有悖于初衷的愚蠢之事。因此，在做事、做决定前，必须仔细思索、认真审视，将事态控制在可控范围内。

　　没有看清形势就盲目行动，做事情的时候凭第一感觉，导致很多时候问题思考得不周全，自然也就无法获得成功。因此，决定做一件事的时候，一定要进行全方位的思考，拿不准的时候多听听旁人的意见，也很有好处。

　　"三思而后行"有时会被认为是一种魄力不足、谨慎有余的行为，事实上，深思熟虑并不是胆小怕事、瞻前顾后，而是成熟与负责的表现。

　　也许我们会有所疑问，在这个快速多变的社会中，成功的机会稍纵即逝，思考得太多反而会贻误战机。其实"三思而后行"与快速把握时机并不矛盾，做事情要学会把握时机，同时在决策的时候要多加思考。这样，才有希望到达成功的彼岸，才能抓住更多的机会。

●明确目标，不偏离

　　在追求人生目标的过程中，被途中的细枝末节和一些毫无意义的琐事分散精力，扰乱视线，以致中途停顿下来，或走上岔路，很容易就放弃了自己原先追求的目标。

　　有个牧师曾经讲过这样一个故事：

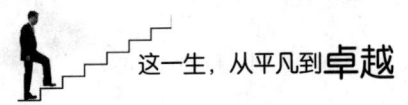

几只凶恶的猎狗追一只可怜的土拨鼠,土拨鼠着急地钻进了一个树洞。树洞只有一个出口,可不一会儿,居然从树洞里钻出一只兔子。兔子飞快地向前跑,并爬上一棵大树。兔子在树上仓皇中没站稳掉了下来,砸晕了正仰头看的三只猎狗,最后兔子终于逃脱了。

故事讲完后,牧师问:"这个故事有什么问题吗?"

"兔子不会爬树。"

"一只兔子不可能同时砸晕三只猎狗。"

"还有呢?"牧师继续问。直到人们再也找不出问题了,牧师才说:"还有一个问题,你们都没有提到,土拨鼠哪去了?"

牧师的一句话,一下子将人们的思路拉到猎狗追寻的目标——土拨鼠上。因为兔子的突然冒出,让人们的思路在不知不觉中被打断,土拨鼠竟在人们的头脑中自然消失。

做事情要有明确的目标,比如吃东西是为了补充能量,运动是为了健康,伸出双手是为了获得别人的友谊。但很多时候,我们会忘记自己的目标。

每个人都会为自己确立一个目标,这是自我实现的要求。它是真实的,不是别人强加的;是向上的,不是颓废消极的;是有现实意义的,不是说说就过的。正如美国钢铁大王安德鲁·卡内基所说:"获得成功的首要条件和最大秘密,是把精力和资力完全集中于所干的事。一旦开始干哪一行,就要决心干出名堂,要点点滴滴改进。"

牢记自己的奋斗目标,就不会为现实的困难和生活中的琐事而感到烦恼。因为你知道,这些困难是暂时的,是可以克服的,是对你意志和毅力的考验。

牢记奋斗目标,就会充分利用自己的优势,最大限度地发挥自己的潜能,并全神贯注于自己的目标,而无暇顾虑其他琐事。

●以终为始：快速达成目标的 9 个步骤

一个人设定目标时，最重要的不是"如何"实现这个目标，而是"为何"要设定这些目标。"为何"比"如何"更重要！

没有目标，犹如在汪洋大海中划船，却不知停在哪一个港口，可能终其一生都在随波逐流。但为什么许多人设定目标之后，却无法实现呢？因为他们根本就不知道实现目标的步骤。

快速达成目标需要经过以下 9 个步骤。

步骤一：列下实现目标的理由。成功者在设定目标的同时，也会找出设定这些目标的理由来说服自己。当他清楚地知道实现目标的好处以及不实现目标的坏处时，便会马上设下时限来规范自己。

步骤二：设下时限。如果没有时限，就很难检查出自己在不同时间段到底做到了什么程度。因此，明确知道目标之后，便要设下明确的实行时限。

步骤三：列出实现目标所需的条件。不知道实现该目标所需的条件时，如何去进行？例如，你想进哈佛大学就读，却不知哈佛的录取标准。那你进入哈佛一定会很困难。但如果你明确知道它的录取标准，就能按部就班地努力达到它所要求的标准。

步骤四：自问"假如要实现目标，自己必须变成什么样的人？"并在纸上列出来。很多人想成功，却不清楚成功者所具备的条件。完全可以列出成功者所需具备的 26 项条件，让自己知道该往哪个方向迈进，成为怎样的人。例如，你的目标是三年内当经理，就要把当经理所需具备的条件和能力列出来，明确告诉自己就是要成为那样的人，然后朝着那个方向努力。

步骤五：列出目前不能实现目标的原因，按照其困难度从难到易排列。自问"现在用什么办法来解决那些问题"并逐项写下来。列完解答之后，这些解答通常就是立即可以采取行动的。

步骤六：定下承诺，直到实现目标，否则绝不放弃。许多人只是对目标有兴趣，但并未下决心一定要实现目标。"有兴趣"不会让你成功，"想成功"

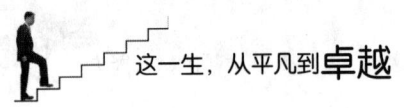

才能让你成功。

步骤七：设下时间表，从实现目标的最终期限倒推至现在。例如，决定三年之内当上经理，就要列出两年内要做到的程度，今年内要做到的程度，每个月要做到的程度，每天该做的事。

步骤八：现在开始，马上采取行动。任何目标的实现，都离不开行动，纸上谈兵，终究无果。

步骤九：衡量每天的进度，每天检查成果。若每年检查一次实施成果，一年只有一次机会可以改正错误；若每月检查一次，则一年有12次机会改正错误；若每天衡量一次，就有300多次机会改正错误。

第十五章 履行加一

●履行，不是偶尔，而是时时刻刻

罗马不是一天建成的。同样，谦谦君子也不是一天培养起来的。要达到至善境界必须经过一番修炼，正如《国风·卫风·淇奥》中赞美卫武公的德行修养一样："有匪君子，如切如磋，如琢如磨。"切磋，追求完美；琢磨，追求卓越。职场上，如果你认为做好自己的本职是 100 分，但那还远远不够，你要想着做到 101 分，只有这样，你才会比别人多出一分成功的机会。履行加一，是成功的不二法门。

第二次世界大战结束后，美国质量管理大师戴明博士应日本企业之邀，多次到日本松下、索尼、本田等企业讲学。戴明博士认为产品品质不仅仅要符合标准，而是要每天进步一点点。当时有不少美国人认为戴明博士的理论很可笑，但日本人完全照做。今天日本的企业在世界上取得了辉煌成就，他们将功劳归于戴明，甚至颁赠先进企业的奖项也称为"戴明奖"。当时，戴明博士传授的这个方法就是"每天进步 1%"。

百米冲刺和马拉松长跑，是一对关于速度和耐力的矛盾。一个人的进步客观上需要时间和过程。如果以百米冲刺的速度去跑，会没有那么大的耐力；但如果按部就班，就很难缩小与别人的差距。所以，每天进步 1% 是我们最好的选择。1% 看起来很小，但如果每天进步 1%，365 天后，你的实力会变成原来的 37.8 倍；相反，如果每天变弱 1%，那么 365 天后，你就只剩原来 3% 的实力了。

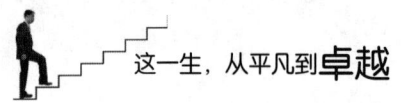

美国福特汽车公司一年亏损数十亿美元时，他们请戴明博士来演讲，戴明仍然强调要在品质上每天进步一点点，持续不断进步，一定可以起死回生，振兴企业。结果，福特汽车按照此定律贯彻3年之后便转亏为盈，一年净赚60亿美元。

前洛杉矶湖人队的教练派特雷利也清楚这一法则，他在湖人队处于最低潮时，告诉12名球队的队员说："今年我们只要每人比去年进步1%就好，有没有问题？"球员一听："才1%，太容易了！"于是，在罚球、抢篮板、助攻、抄截、防守五方面都各进步了1%，结果那一年湖人队居然获得了冠军，而且是最容易的一年。有人问教练，为什么这么容易得到冠军呢？教练说："每人在五个方面各进步1%，则为5%，12人一共60%，一年进步60%的球队，你说能不得冠军吗？"

我们再看一个简单的数学题：

$50\% \times 50\% \times 50\% = 12.5\%$

$60\% \times 60\% \times 60\% = 21.6\%$

大家看得出来，每个乘项只增加了0.1，而结果几乎是成倍增长。其实，成功也是如此，成功来源于诸多细小要素的集合叠加。每天进步一点点，假以时日，明天相比于昨天将会是天壤之别。

"每天进步一点点"，在佛经里叫作"日精进"。佛祖曾经说过一句话："日精进为德。"这句话的意思是我们必须天天努力、日日进步才算有德，否则就是缺德。话虽难听，却是至理箴言，目的是告诫世人要上进，不能懈怠。商场如战场，身在职场中的人们必须天天努力、日日精进方能成为业内的佼佼者，成就一番事业。反之，不求上进、懒散懈怠，必然被对手和市场淘汰。

●不要一下子承诺太多

古人曰："言必信，行必果。"一个人如果动不动就拍着胸膛承诺，却每每一番慷慨激昂之后便没了下文。这样的人，谁会相信呢？因此，无论做什么事情，都不要承诺太多。就连拿破仑都曾这样说过：我从来不轻易许诺，因为承诺会变成不可自拔的错误。不轻易许诺是一种谨慎的行事态度，不要说"一定"，不要说"肯定"，不要说"真的"……许下承诺而不去履行承诺，比不许诺的罪过要深得多。

承诺太多而没有兑现，会让人觉得你其实什么也做不到。萍水相逢也好，桃花潭水也罢，一旦承诺他人，就要把"金口玉言"记挂在心，随时"奉命"。所以，不要轻易许诺，许诺意味着必须履行。如果你没有履行承诺的勇气，或者并不能保证完成，就不要去尝试许诺，否则结果就只有出尽洋相。

不是所有喜欢承诺的人都不讲诚信，可能只是高估了自己，或低估了事情的复杂性，以致实践起来尤为艰难。对于一个讲信用的人来说，他会活得很忙、很累。有的人，口软心也软，不管是谁找他帮忙，总是有求必应。但人又不是神仙，挥挥神仙棒便可把事办好，于是只好凭血肉之躯不停奔波，今天做不完，便压到明天，明天做不完，后天继续做。这样，日复一日，永远没有做完的一天。因此承诺了的事，也就成了一笔债。欠金钱债，可能会被人在门外用油漆写上"欠债还钱"的字样，但人债、事债、情债不是喷在墙壁上，而是喷在心坎里，刻在骨头上。只要一天不还，就没有一天舒服。

无须信誓旦旦，一万句承诺抵不上一个实在的行动。不要轻易承诺，凡是承诺了的，一定要做到。如果做不到，你又何必轻易承诺？

●立刻行动，每天改变一点点

修身有一种形容叫"如切如磋，如琢如磨"，也有一种叫"战战兢兢，如履薄冰"。一个形容循序渐进、持之以恒；另一个形容时刻保持清醒、谨慎。最终目的是外在道德的完善和内在精神的圆满。

马云在演讲时反复说过的一句话是：很多人都是晚上想起千条路，早上起来走原路。这不正是如今许多迷茫一族的真实写照吗？晚上想起无数种可能的活法，越想越激动，从带着黑眼圈的眼眶里，不断涌出对闪闪发光的未

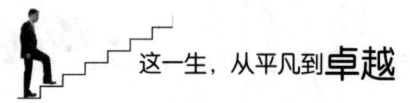

来的期盼,那紧握的双拳足以显示出决心。

然而,早上起来,昨夜的想要改变自我、实现更多可能性的想法就被无意地遗忘,如风消散,该干嘛还是干嘛,朝九晚五的照旧,迷茫困顿的依然。我们的心有多热血,就有多矛盾。想要实现的东西总是来之不易,但是总有人以为只要狠狠努力一把,就能一蹴而就,完成目标。这些人到底有什么底气会认为自己的一下子努力就能超过别人日积月累的默默努力呢?

想要实现巨大的改变,最好的办法是养成习惯。改变自己的身体状况,改变自己的阅读水平,改变自己的看法、想法……需要改变的都改变了,就会有意想不到的收获、喜悦,就会让你一步一步迈向成功之门。

任何重大的改变都离不开许多个微小改变的积累,只有把控住微小的改变,我们才能更有效率地向成功靠近。所以,哪怕我们每天改变一点点,哪怕每天就前进一厘米,也是很棒的,也值得为自己加油、点赞、喝彩!

很多时候,仅凭我们的肉眼,并不能立即看出事物的某些细微变化,但是时间就像一架高倍显微镜,能让我们清晰地感知事物任何最细微的变化。这种变化,不仅反映在事物的表面,也体现在事物的内在特质上。

每天改变一点点,贵在坚持。荀子说:"骐骥一跃,不能十步;驽马十驾,功在不舍。锲而舍之,朽木不折;锲而不舍,金石可镂。"日积月累,就能实现自我超越,这也证明了坚持的重要性。

不要为自己找所谓的理由:孩子小,没空锻炼身体;工作忙,累得跟驴一样,哪有空读书、写作;辅导孩子写作业,没空着手自己的兴趣爱好……殊不知,长此以往,一个人的意志力就会减弱、奋斗力缺失、干劲热情丧失。还会在各种借口、理由中淹没才华,阻碍能力的发挥,以致创造力被毁灭。后果是,你与同龄人的差距越来越大。

每天改变一点点,你可能不当一回事,但若干年后,你就会发现:原来的一点点改变会让你对工作、对生活燃起极大的热情,让你欣喜,让你心里充满阳光,让你成为一个更好的自己。

第五部分
从平凡到卓越属于每个人

第十六章 人生的蝶变、企业的腾飞

●让成长永无止境的法宝：学习

学习，是个永恒的话题。因为只有不断学习，才能不断进步。许多人不注重学习，愚昧地认为学习是件痛苦的差事，轻轻松松过日子就是他们对自己的要求，认为这样才是生活。

倘若如此，这些人的精神世界就是空虚的。不学习，接受新事物的能力就会降低。只有不断地学习，才能从新事物中得到激情、收获快乐，人生才能丰富，生命才有意义。

常言道："书山有路勤为径，学海无涯苦作舟。"无止境地领悟，是每一个智者必须做的。要想不断地进步，就得活到老、学到老。在领悟上，不能有倦怠之心。

人类几千年积累下来的知识文化，不能在短时间内学完，即使把生命几十年的时间都用来领悟，也异常有限。

正所谓"吾生也有涯，而知也无涯"。尤其在当今这个时代，世界飞速发展，知识更新的速度日益加快。面对千变万化的世界，更需要活到老、学到老，有终身领悟的态度。

现代社会的知识寿命大为缩短，知识淘汰的速度正在逐渐加快，过去所领悟的知识会很快过时，不及时更新过去所学的知识，很快就会进入所谓的"知识半衰期"，很快就会被淘汰。

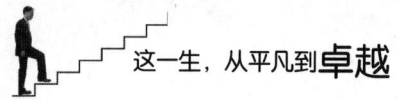

记住：学习是让成长永无止境的法宝！

●责任、荣誉、团队

1. 心中常存责任感

据说，杜鲁门在任美国总统时，办公桌上摆着一个牌子，上面写着：Buckets stop here（责任到此，不能再推）。牌子的来由暂不去考证，牌子上的内容却对责任感做了很好地诠释。

责任是对任务的一种负责和承担。每个人对工作、对集体、对家庭、对亲人，都负有一定责任。正因为担负着这样那样的责任，人们才会对自己的行为有所约束。

责任感是一个人对待自己肩负任务和所干事业的态度，一个人责任感的强弱，决定了对待工作是尽心尽责还是敷衍了事，而这又决定着工作成绩的大小和优劣。如果在工作中，对待每件事都敢于承担责任，出现问题绝不推托，就能赢得更多的认可，取得更大的成绩。

对工作有责任感时，就能从中学到更多知识，积累更多经验，继而能全身心地投入工作，获得更多的快乐。相反，当懒散和敷衍塞责成为一种习惯时，做事就不会踏实，也不值得信任。

责任感不强的人不愿花更多时间学习新技术，磨炼专业技能，结果专业不过硬，做事没底线，不仅会在工作上造成损失，也可能因为不负责而毁掉自己的一生。

2. 荣誉感

"责任、荣誉、国家"是美国西点军校著名的校训。两百年来，西点军校之所以能培养出那么多杰出人才，原因就在于此。这些精英人物进入商界后，依然秉承这一理念，把"责任、荣誉、国家"作为其企业文化的核心，培养出一批具有荣誉感和责任感、道德品格高尚的员工，从而组建自己杰出的团队，打造出了富有强大生命力的世界一流企业。

如今，"责任、荣誉、国家"已经成为众多企业的核心价值观，正是这种精神力量的召唤，才造就了最优秀的团队，培养出了最优秀的员工。

作为一名员工，当你不仅仅为了金钱，也为了集体荣誉而工作时，内心的感受和行动的方式都会发生巨大的变化。有没有集体荣誉感以及集体荣誉感的大小，对工作的执行力和结果起着决定性的作用。

3. 团队

在这个讲求合作的时代，一个人要想成就事业，单枪匹马注定是不可能的。

一滴水就算有再大的本领也推动不了帆船，只有融入到大海，才能让帆船自由航行。一个人要想成功，就必须融入到团队之中。只有在团队合作的基础上，才能使自己的才能和智慧发挥得淋漓尽致，才能最大限度实现人生的自我价值。

作为团队中的一员，要时刻保持集体荣誉感，要以集体的荣耀为荣，以集体的耻辱为耻。

集体的利益就是自己的利益，只有心中充满了对集体荣誉感的敬仰，才会有一颗感恩集体的心，才会有成就感，才会更加懂得珍惜今天所拥有的一切。

●知道、做到，更要让周围的人收到

什么是平凡？什么是卓越？每个人都无法定义它！是平凡好，还是卓越好？每个人有每个人的选择，每个人有每个人想要过的生活方式，我们无权干涉。我们能做的就是"活在当下，做最好的自己"。

年幼时，我们曾用稚嫩的双手在笔记本上写下自己的梦想，但随着年龄增长，还有多少人记得曾经的梦想？或只能在午夜梦回时惆怅。

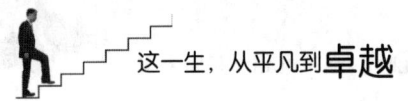

我们放弃了自己的梦想,放弃了对自己的承诺,放弃了正好的年华!我们说自己只是回归了现实,可真正的现实是,我们习惯了平凡,习惯了两点一线的生活方式,习惯了慵懒的生活,习惯了自己所有的习惯。

卓越的人是对自己负责、对家庭负责、对事业负责、对社会负责的人。但我们真正做到了几点?

"因果定律"的中心是:凡人为果,圣人为因("因"是知道和做到;"果"是收到和得到)。大意是,通常我们总是在害怕不好的结果,担心客户不购买,老板不加薪,员工不听话,老公不爱我。可真正有智慧的人,会思考客户为什么不购买?员工为什么不听话?老板为什么不给我升职加薪?老公为什么不爱我?

因比果更重要!有怎样的因,就会有怎样的果。所以,在生命中比结果更重要的是什么?是我们形成结果的原因、过程。"果"是从"不知道"到"收到和得到","因"是"知道和做到"。

平凡的生活不可怕,可怕的是,人老的时候,从来不会后悔自己做错过什么,因为再大的错误、再大的伤痛,过去了都只是一种体验,只能换来一个会心的微笑。

心存希望,幸福就会降临你;心存梦想,机遇就会笼罩你。

●决定我们目标的是价值观

价值观决定一个人的命运!

人与人之间最大的区别,是面对不同问题时候的不同选择。不同的选择,来源于对问题的不同看法。一个人的信念决定了一个人的选择,一个人的价值观又决定了这个人的信念。所以,决定一个人人生轨迹的,其实就是价值观。

性格是固化了的价值观模式,归根到底是由一个人的价值观所决定的。

价值观念的形成，影响着我们对自己遭遇的看法和决定，最终影响人生轨迹的走向。

价值观念就像是人生的支柱一样，支撑起了我们每一个人的生命系统。比如"公平"。树立这个价值观，就要在它周围支撑起"同工同酬""一视同仁""男女平等""反对种族隔离"等信念。因此，要改变一个人的价值观念，首先要改变一个人的信念系统。这些基因的改变，会带来人的生命信息系统的改变，命运也会因此而改变。

了解自己价值观的方式非常简单，只要问自己"什么是你觉得重要的"，依次给出自己内心的回答，就可以得出自己在生活范畴内的价值观念序列。

价值观念是对于是非对错的判定标准，是人的一生中最为关键的因素。一个人价值观念阶梯越高，其人生的大厦也可以建设得越高。

第十七章 管理者新思维、新格局

●生命就是一对矛盾体

大师兄讲:"我们课程的第一步叫作鉴定问题,了解我们为什么学。第二步叫作定向,就是确定方向,简单点说,就叫选择。坐在这里的人有20多岁的、30多岁的、40多岁的、50多岁的,甚至60多岁的。每个人能走到今天,都是一种成功。请大家用觉察和觉醒的力量好好地思考一下:你觉得是什么样的力量让你走到了此刻?你觉得在生命中最大的智慧是什么?"

学员们七嘴八舌。大师兄意不在此,没有直接做总结,而是教大家动手体验游戏,让大家在游戏中体会到学习的内容。游戏挺简单:

两手食指相对,放在胸前。第一步,左手食指往里面转;第二步,右手食指往外面转;第三步,左手食指往里,右手食指往外,同时转,要求保持匀速。表面上看,这是一个简单得不能再简单的游戏,谁都会转。可结果,几乎所有学员都转错了,有的弄成了同向转,有的弄成了奇形怪状的动作,有的根本不会转了。课堂俨然成了菜市场,大家都在拼命完成这个游戏。然后,开始转第二次,还是有很多转错的。

可见,很多事情都是说起来容易做起来难。大家都瞧不起眼高手低的人,可是偏偏很多人就是眼高手低。

我们做游戏,绝不仅仅只是做游戏,而要从游戏的背后看明白人生的智慧。所以，游戏之后，大师兄开始讲他的道理。

道理一：教育的金字塔原理

有句俗话说，3岁看大，7岁看老。所以，决定我们一生的，是3—6岁这一阶段。在孩子出生后，3—6岁的时候，父母要多陪伴他，多认可他，孩子才会茁壮成长。随着年龄的增长，我们在孩子身上投入的时间会越来越少，他们的成长却越来越快。这就是教育的金字塔原理。

现实生活中，我们的教育是什么样子？如果你已经为人父母，孩子是交给谁带的？一般都是交给爷爷奶奶一辈儿带。因为我们要为孩子创造更好的物质条件，没有时间陪孩子。可是，父母已经退休很多年，能不能带好孩子，值得怀疑。孩子长大后不听话，会发觉这不是我们想要的孩子，就想去"修理"他。但是，等到孩子长大了再去"修理"，还管不管用呢？很难说。

同样的道理，教育的金字塔原理不仅适于孩子的教育，也适于员工的教育。员工到企业后，什么时候最听话？刚进公司的时候，就是前面3—6个月，态度也是最好的。

我们为什么要招聘新员工？大师兄说他听到过的最可怕的回答是因为老员工都走完了。然后大师兄接着说：如果是这样，还招聘新员工干嘛？反正都是要走。为什么要招聘新员工？应该是因为企业发展太快，人员规模的发展跟不上企业的发展。当企业人手不够的时候，确实需要招聘新员工。

大师兄的下一个问题是：当我们人手不够的情况下，会不会安排人专门来培训新员工？会不会给他安排一整套的培训体系？相信多数中小企业不会这样做。当然，有的企业会让师傅带徒弟，老员工带新员工。但这就像武大郎开店带徒弟，很可能是一代不如一代。所以大师兄说："老员工带新员工，不一定是最差的办法，但一定不会是最好的办法！"

在现实中，很多时候企业招聘新员工，不会做培训，基本上都是让他们自生自灭的。这样的员工经过了3—6个月"活"下来后，自然就不会对企业忠诚。为什么？因为我能"活"下来，完全是因为自己的努力，不必对企

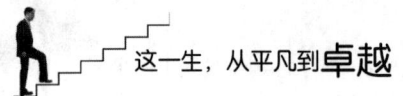

业忠诚；当他成长和成熟之后，就可能跳槽，去另外一家企业。

道理二：知道不等于做到

下面这个游戏很容易，就三句话：

第一句话：左手食指往里面转；

第二句话：右手食指往外面转；

第三句话：两根手指一起转。

可是，大家做起来却很不容易。这就告诉我们，在这个世界上，知道不等于做到。

现实生活中，我们最容易犯的错误是什么？就是把自己知道的当成已经做到的。因此，我们总是觉得，在这个世界上，我们付出得太多，得到的太少。

除了把知道等同于做到，我们最容易犯的第二个错误是什么？是用自己知道的东西，去要求别人做到。有的上司会说："真是一蠢再蠢，都跟你说了一百遍了还听不懂！"这就是用自己知道的东西，去要求别人做到。当然是不现实的。

大师兄说：管理是有使命的。什么叫作使命？所谓使命，就是其为什么存在。管理也有使命。管理的使命是什么？用现代管理学之父彼得·德鲁克的话说，管理的第一个使命，是帮助平凡的人做出不平凡的事。

建造出万里长城和金字塔的都是奴隶，是罪犯，他们却创造了全世界最伟大的奇迹。为什么？因为他们有世界上一流的管理者，秦始皇嬴政和埃及法老。

管理的本质到底是什么？管理的本质就是用一群平凡的人，做出不平凡的事。所以，管理者的第一个能力就是把复杂的事情简单化。不管多么复杂的事情，都要在管理者的手上细分成一个个很小的单位，然后让员工都能听懂你的话，最后落到实处。

道理三：把简单的事情做到极致就是不简单，把平凡的事情做到极致就是不平凡

首先，我们来看上面的游戏到底应该怎么玩：

第一步，把左手食指往里面转。很多人开始转的时候，会感觉太简单、太无聊、太无趣，其实不必想那么多，只要简单地转，自然而然地转，把它转成一种下意识的习惯就行。

第二步，右手食指往外转，把它转成一种习惯，最后你的手指就能转出来。

这就告诉我们，很多人都想做一些惊天动地的大事，都想做一些别人做不到的难事，却经常忘了中国古人说的"天下难事，必作于易；天下大事，必作于细"。再大的事都是由一件一件看起来微不足道的小事构成的，再难的事都是由一件一件简单到极致的小事构成的。

同时，还有另外一句话，叫作"天下大事必毁于细，天下难事必毁于易"，或者"千里之堤溃于蚁穴"。还记得拿到第一份工资的时候吗？还记得第一次搞定一个客户的时候吗？还记得第一次晋升的时候吗？还记得第一次恋爱时的那种喜悦吗？年轻人都会谈一些词，例如，梦想、追求、理想、奋斗等，而随着年龄的增长，我们已经越来越耻于或不敢去面对这些词了。

大师兄会问：毁灭我们梦想、理想、追求的是什么？不是惊天动地的大事，而是一天又一天、一件又一件、不断重复而我们又觉得看不到希望的小事。

生命从来没有改变，改变的是我们的感觉。上面的游戏告诉我们，"天下难事必作于易，天下大事必作于细"。

大师兄说：要做到这一点，就必须具备佛陀的另一个智慧，也是从平凡到卓越六大能力之一——活在当下。当佛陀第一次看到这朵莲花的时候，和第五百次看到这朵莲花的时候，都是同样的喜悦。因为莲花没有改变，这种力量就叫活在当下的力量。不管世界怎么改变，我们始终活在此刻。

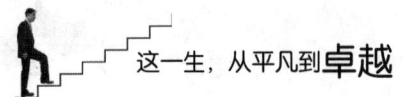

人有三个时空,过去、现在和未来。所有人都只能活在此刻!可是,无数的人却活在过去或者未来。为什么?因为他们对现在不满意,不敢面对现在。

记住,我们的过去决定了我们的现在,我们的现在决定了我们的未来。要把每一件小事做到极致,要把每一件简单的事情做到极致,就必须具备活在当下的力量。

无论是上课,还是看此书,我们都希望自己成为卓越的人。那什么叫卓越呢?用海尔张瑞敏的话说就是"把简单的事情做到极致就是不简单,把平凡的事情做到极致就是不平凡"。要做到这一点,就要具备活在当下的智慧和勇气。

道理四:生命是一个系统,生命是多维的,要学会多维度思考

刚才的游戏,要两个手指一起转,说明了生命是一个系统,生命是多维的。

很多人学过企业管理和经营,那么决定一个企业发展的是谁?是老板,是总裁。老板的格局决定了企业的格局,如果老板的格局只有一亿元,企业就很难做到一百亿元。

那么,对于企业来说,谁对企业最重要?大师兄认为既不是老板,也不是员工,而是客户。企业没有了客户,还谈什么生存和发展?

大师兄说:"再好的产品和服务,没有客户的认同,就都是垃圾。"请问,平时面对客户的,是企业老板,还是一线员工?很多人认为,决定企业命运的就是员工!但这个答案不一定正确。举个例子:某个课程的效果不好,学员接受得不好,是谁的责任?当然有老师的责任,但也不全是老师的责任,学员也有责任。同样,企业命运的好坏,老板和员工都有责任。

现实工作中,很多管理者经常会纠结于"对"和"错"。大师兄不断强调的观点是世界根本就没有那么多对错,纠结于对错,会失去生命中的所有。但如果不讲对错,我们应该讲什么?大师兄给了另外两个字——有效!

即基于我们的目标,进行有效的工作。很多时候,为了证明自己是对的,会失去整个世界。我们更需要做的是,追求生命的有效性。

生命中最大的智慧是什么?就是懂得生命是矛盾的。仍是以上面的手指游戏来做说明:

很多人最喜欢两只食指都往里面转,觉得这么转和谐;很多人喜欢两只食指都往外面转,觉得这么转统一。更可怕的是,很多人的生命就是这么过的。很多年轻人走向社会以后,喜欢两只食指都往里面转,叫作"我的地盘我做主,想唱就唱,还要唱得响亮!"最后发现,社会不是你的家,老板不是你的父母。所以,脑袋被撞得到处是包。此后,很多人就改变了世界观,从两只食指都往里面转、完全自转,变成了两只食指都往外面转,就是"你要我怎样我就怎样!"

古人说"三十而立,四十不惑",在30岁要设立自己的目标,在40岁的时候就没有迷惑了。今天很多人30岁时没有目标,到了40岁却特别迷惑,为什么?因为我们改变了自己的世界观,"你要我怎样我就怎样"。

这又引发了一个问题:这样去做,或许会有小的成果,比如有自己的房子、自己的车子、自己的家人,却会失去了自己。也就是,得到了这些东西,"我"到哪里去了?我为什么要去做这些?生命本来就是这样子,左手向里右手向外一起转;在生命中本来就是,有白天有黑夜,有美丽有丑陋,有失败有成功。

生命中最大的智慧叫作"矛盾",因为生命本身就是一个矛盾体。汽车为什么能正常开?因为汽车有动力。可是光有动力,汽车却不一定能正常开!汽车除了动力外,还要有阻力。生命也是这样,本来就是矛盾的。要接受所有自己能够接受的东西,也要接受所有自己不能接受却客观存在的东西。只有人们真正拓宽自己的视野和思维维度,了解生命是一个矛盾体时,我们的生命才可能产生本质的改变。

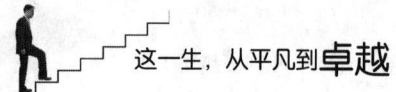

●管理的本质是自我管理

管理的本质是自我管理。如何提高自我管理能力呢?

1. 有明确的工作目标

工作目标分日工作目标、周工作目标、月工作目标、年工作目标。员工没有明确的工作目标,工作不分轻重缓急,感觉每个任务都很重要,就不知道从何下手,结果该完成的没完成,不紧急的工作任务也会做得一团糟。一旦明确了自己的工作目标,他们就能按照工作目标有条不紊地开展各项工作,做好各项工作的时间分配。

2. 培养兴趣爱好,加强学习

如果工作没有跟个人的兴趣爱好挂钩,也不要过于迷茫,起码兴趣还在,工作之余用心培养,职场还是有趣的。如今的职场都加大了对复合型人才及学习型人才的需求,不学习就会落后,落后就会挨打。

随着互联网的不断发展,学习的工具也越来越丰富,越来越趋于轻便化。我们可以利用碎片时间加强学习,每天浏览下手机新闻App,看看今天世界发生了什么变化,看看微信订阅号,或下载几本电子书。

3. 结交志同道合的朋友

很多人都说,工作后朋友圈都缩小了,除了同事就没有别的朋友。其实,除了网络,还可以多参加一些沙龙、论坛活动,结识更多的新朋友,了解他们的故事,在扩大自己朋友圈的同时,也能提高自己的沟通交流技能,整个人也能由内而外焕发青春活力。

4. 学会开源节流

"千禧一代"是互联网一代,也是"鸭梨山大"的一代。"80后""90后"不仅是职场的能力担当,也是家庭的经济担当,可谓上有老,下有小,没有理财意识,很容易成为"月光族"。发工资后那几天,是个有钱人,发工资的前几天,则是个穷光蛋。因此,在工资下发时,要做好理财规划,例如:

每月的不动产和动产、家用补贴、银行存款等。

● 管理者的使命：帮助平凡的人做出不平凡的事

在企业管理实践中，当有人提出团队成员表现不佳时，有些管理者会引用这句话，"因为我们都是平凡的人"，并因此让自己内心安定并视员工表现平平为正常。

在这里至少忽视了两个问题：这些平凡人的长处是什么？如何让他们做出不平凡的事？其背后的真正含义，是要通过"让组织成员卓有成效"来实现不平凡的事。

有一位公司老总曾经举过这样一个例子：

在他的公司里有一位员工，不仅拥有出色的学历，工作上也做出了很多成绩。按照他的才能，早就应该晋升到更高的职位，可是，事实并非如此，那些能力比他差的人都得到晋升，他却一直停留在原位。

原来，这位员工做事喜欢独来独往，不能和同事很融洽地相处。当同事需要协助时，他不是拒绝就是敷衍，他也很少向其他同事求助，宁可事事亲力亲为。

遗憾的是，这位员工并没有意识到自己的问题，反而认为自己的才华没有得到老板的足够重视。终于有一天，老板从大局出发，决定辞掉他。他不解地问："老板，如果我离开公司，你难道一点儿都不会心痛吗？"

老总回答说："我当然会心痛，因为我将失去你这样一个有能力的人，但是如果你伤害到我的团队，我一定会让你离开。"

这位员工之所以没有得到重用，不是因为他没有能力，而是因为他不懂得放低自己，没让自己成为团队的一部分。现在的企业越来越重视团队的力量，当老板觉得某一个人会影响整个团队时，即使他的

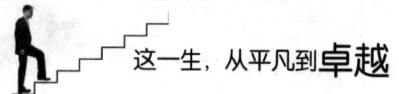

个人能力再突出,老板也只好忍痛割爱。

在这个团队制胜的年代,单打独斗的方式已经过时,只靠提高员工个人能力的方法,在今天已经没有生命力了,而团队精神才是一个企业真正的核心竞争力。整个团队的兴衰,与团队中的每一个人都有着密不可分的关系。每一个人成功的背后,都离不开团队的支持;每一个团队的成功,也是全体成员齐心协力的结果。

任何组织都不能仅依靠天才。天才总是稀缺的,依靠天才是靠不住的。对组织的考验,就是要使平凡的人取得更杰出的成绩——比他们看起来所能够取得的成绩更杰出,要使其成员的长处都发挥出来,并利用每个成员的长处来帮助所有成员取得杰出的成绩。

●这样打造团队:没有完美的个人,只有完美的团队

俗话说,单人不成阵,独木不成林。没有完美的个人,只有完美的团队。

个人的力量总是有限的,团队是力量的泉眼,源源不断地溢出能量,当工作远远超出个人能力和精力的承受范围时,只有依靠团队的力量才能最终达成目标。

正所谓"尺有所短,寸有所长"。单独的个体不能汇聚所有的优点与资源,只有借力于人,与人合作,才能更好地发展事业,创造更多的财富,更好地实现人生价值。

《西游记》在中国可谓是无人不知、无人不晓的神话剧。不管男女老少,百看不厌。剧中师徒四人过关斩妖的剧情引人入胜,但抛开剧情,我们从剧中又可以学到些什么东西呢?

《西游记》中唐僧师徒四人性格迥异,却能历经百险,最终取得真经。

风格迥异的团队成员有矛盾却又优势互补,分工明确。就连马云也称赞他们是中国最完美的团队组合。

1. 唐僧——德者居上

唐僧是个目标坚定、品德高尚的人。他受唐王之命,去西天求取真经。要说降妖伏魔的本领,他连最差的白龙马都赶不上,但为什么能够担任西天取经如此大任的团队领导呢?关键在于唐僧有四大领导素质。

目标明确,善定愿景。作为团队领导,他能够为团队设定前进目标,描绘未来生活。唐僧从刚开始,就为团队设定了西天取经的目标,且历经磨难,从不动摇。

手握紧箍,以权制人。如果唐僧没有紧箍咒,估计使唤不动孙悟空。一个金箍,让唐僧在团队最强的孙悟空面前树立了权威,其他两个人就不在话下了。但唐僧从来不会滥用自己的权力,只有在大是大非的情况下,才给孙悟空一些教训,不会激怒孙悟空。

以情感人,以德化人。最初,孙悟空并不服唐僧,觉得这个师傅肉眼凡胎,不识好歹,但是在历经艰险后,唐僧的执着、善良和对自己的关心慢慢感化了孙悟空,让他死心塌地保护唐僧。这就是感情投资的重要性。

诚实守信,品德高尚。唐僧在剧中处处展示着闪亮的品德光辉。不谋权力,不贪钱财,不近女色,不慕功名。多少次降妖救人之后,唐僧总是跟人说是徒弟的功劳,不揽功,不图名。他坦诚正直,用人不疑,不使阴谋。对徒弟推心置腹,以礼相待。

2. 孙悟空——能者居前

孙悟空法力无边,个性率直,执行力强,也很重感情,知恩图报,是团队中的优秀人才。然而,孙悟空缺乏自我约束力、团队合作精神和全局决策能力。可以说,孙悟空是能力超强的执行者,却不能成为运筹帷幄的管理者。

孙悟空自己也"单干"过,大闹天宫尝了不少苦头,得罪了不少"大

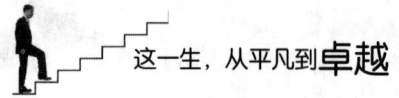

腕"。孙悟空虽有能力，但不会成为一个优秀的领导者。几番下来，他也明白寻找一个有远见、有谋略的引路人是必要的。

3. 猪八戒——智者在侧

猪八戒这个人物，褒贬不一，但他在团队中确实扮演着不可或缺的角色：虽然好吃懒做，但干起活儿来也保质保量；虽然自私自利，但坚持立场；虽然喜欢打小报告，但不会无中生有；虽然奉迎领导，但愿意与群众为伍。猪八戒的协调能力是孙悟空和沙僧不具备的：时而劝服孙悟空继续西行；时而替孙悟空跟师傅说情。在团队中，他最重要的作用就是协调各方，为整个团队带来活力。当然，猪八戒的成功还有非常重要的一点就是猪八戒他跟对了团队。

4. 沙僧——劳者在下

沙僧，有人觉得他的作用不大，但是没有了沙僧，唐僧团队完整吗？唐僧只知发号施令，无法推行；悟空只知降妖伏魔，不做小事；八戒只知打打下手，粗心大意；那担子谁挑，马谁喂，后勤谁管？

沙僧能力一般，但忠心耿耿，工作踏实，任劳任怨，心思缜密，并且有良好的团队合作精神。这种角色虽然不会有大作为，但团队运行离不开他。沙僧是唐僧最信任的人，是他的心腹，但是不可予以大任。

唐僧团队的成功绝不是偶然。优势互补、目标统一是这个团队成功的关键。一个团队的成功和团队中每个人的个人定位是密不可分的。现代企业管理的精英团队该如何打造，从唐僧团队中，或许可以受到一点启发。

个人再完美，也不过是一滴水；而一个团队，一个优秀的团队，则是一片辽阔的海。独行侠的个人英雄主义时代已经一去不返，完全迷信于单打独斗的人，往往难以取得更大的成就。NBA著名球星科比说过，比赛需要5个人共同的努力。的确，将比赛带向胜利的不是某个球星，而是整个团队。

●艰难的选择——最信任与最不信任

人一生中要面临很多选择，有些很容易就能得到结果，有时却难以抉择。在从"平凡到卓越"的课堂中，就有一个关于信任投票的游戏，这个游戏着实让学员体会到了什么叫"冰火两重天"。

在游戏的最开始，大师兄让大家手拉手围成一个大圆圈，第一轮投票选出这三天的课程当中"我最信任的人"。大师兄让大家将视线从身边的伙伴身上扫过，仔细地寻找陪自己一起学习和成长的同伴，选择出了最信任的人，就将右手搭在他的肩膀上。不能跟票，不能接龙，不能投桃报李。

投票开始时，有些人一直都处于忐忑不安的状态，希望自己成为最值得信任的人，但信心又不是很足，觉得自己的表现并没有达到最佳状态，因而担心落选。

紧张的投票结束后，大师兄要求所有人回过头来，看自己的肩膀上有几只手。最后，肩膀上有一只手的，退到教室后面；肩膀上有两只手的，退到教室后面；肩膀上有三只手的，退到教室后面；最后是肩膀上超过四只手的，到教室前面，面对大家。

虽然大家不敢保证每一次付出都有回报，但可以肯定的是，在这三天中，每个人的真实付出已经得到了大家的认可。大师兄说："生命的残酷，在于想做好任何一件事都不容易，特别是在今天的中国，也许搬一张桌子都要流血。而生命的精彩就在于只要比别人多付出一点，生活就会无比精彩。"这就是鲁迅先生所说的"真的勇士，敢于直面惨淡的人生，敢于正视淋漓的鲜血"。就如同大师兄所说的是敢于承认生活并不完美却永不放弃追求美丽的人！

经过"我最信任的人"投票后，进入第二轮投票——"我最不信任的人"。

刚听到这个目标时，大部分人都是无法理解甚至抗拒的。为什么要这样投？大师兄说的一番话，打消了这些消极的想法："可以看一下我们自己的双

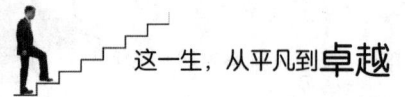

手,连5根手指头都不一样齐,我们怎么可能平等看待每一个人?所以,如果经过这3天4晚,你真正明白什么是'对他人严格就是对他人有爱心',你真正看到,就像刚刚在台上的人一样,你明明看到他可以做得更好,却因为这样或者那样的原因,他没有做到最好的话,为什么不告诉他呢?当我说开始投票后,所有人都要投出和最信任的人同样最重要的一票——'我最不信任的人!'投票规则和刚刚完全一样,希望你们诚实、正直、勇敢地投出生命中最重要的一票!"

"对自己严格就是对自己有信心,对他人严格就是对他人有爱心,爱是唯一的奇迹。"这句话是"从平凡到卓越"里的一个观点,而我"最不信任的人"这一票,就是对他人严格的体现。第二轮投票结束后,站在台前的,是那些前两轮投票肩膀上始终没有一只手的人。

我们可以欺骗生命中所有的人,即使此刻站在台前,我们依然可以说我没有错。可是我们唯一没有办法欺骗的,也许就是我们自己。当我们感觉到迷茫、失败、无助、伤悲、失望甚至是绝望的时候,还记得最初的目标、梦想和信念吗?还记得生命中那些爱过、相信过我们的人吗?

也许很多人到此刻还在坚持着"我没有错!我只是活出最真实的自己!"我们可以欺骗所有人,却欺骗不了自己。

大师兄说,生活中最多的就是这样一群人:最信任的人没有他们,最不信任的人也没有他们,这三天他们明明在这里,却像石头一样,存在却没有价值,努力却没有方向。

生命中最可怕的不是失败,而是从头到尾就没有参与。生命中最可怕的不是死亡,而是根本就没有活过。就像大师兄所问的那样——如果今天是我们生命的最后一天,该如何面对我们一片空白的生命?如果早知道生命只不过是一个过程,我们还会选择让生命成为梦一场吗?

曾经的我们都有过梦想,有过信念,有过坚持。可是在什么时候,我们失去了这些为之奋斗的目标呢?最可笑的是我们自以为只是放弃了一个目标，但又有几个人知道，当我们放弃目标时，放弃的却是整个生命？投票游戏绝不仅仅是为了投票而投票，而是通过这种方式，引起大家内心对自我的审视，究竟是想选择"步步高"的人生，还是选择只做一只"小小鸟"，抑或是让生命最终成为"梦一场"？最终的决定权，在于自己，而不关乎他人。

●管理的目标：双赢

"从平凡到卓越"的第三天主题，是卓越的人生。学员只有将三天所学全部融会贯通，才能真正做到从平凡到卓越。第三天的毕业考试，学员体验了最后一个毕业游戏——红黑游戏。这个游戏是通过投票来形成决议，进而展开团队之间的竞争与合作。

第一次参加"从平凡到卓越"培训的时候，学员并不明白红黑游戏背后所隐藏着的真谛。大师兄说，红黑游戏代表的是人生，要真正弄懂它需要用一生的时间来体会。

在游戏开始之前，学员被分成两组，面对面站好，大师兄在中间阐述游戏的规则。游戏规则很特别，为了让学员加深印象，大师兄将每条规则都重复了7遍：

游戏的目的是赢，赢的方法是累积最大的正分；

所有的学员是一个团队，团队中有一个队长，队长做队长该做的事情；

所有的学员是一个团队，团队成员用共同的方式投票，且用团队统一的方式把它表现出来；

不容许用表决的方式投票；

不容许有任何一个人放弃，若有任何一个人弃权，则宣告游戏失败。

团队达成共识并不容易。需要达到以下效果，团队共识才算达成。这个效果就是"也许团队当中有人并不完全认同投票结果，但是起码愿意接受这

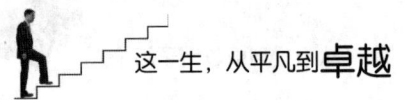

个结果,保证投票的顺利进行"。这时,团队共识就已经达成。

在投票过程中,有两种票可以选择:一种是红票,一种是黑票。具体投什么票由团队自己决定。

记分方法是:

一黑一红:红票加5分,黑票减5分;

双黑:都加3分;

双红:都减5分。

投票分三轮,第一轮正常计分,第二轮计分×2,第三轮计分×3。

两个团队分别在两个地方投票,只有两个团队都有投票才会知道结果。大师兄不断重复游戏规则的时候,学员一方面在仔细聆听,一方面在心里盘算:这个游戏究竟靠什么取胜?取胜过程依靠的原则是什么?学员糊里糊涂地就开始了红黑游戏。

在游戏过程中,甲队被留在教室里,乙队则被带出教室,由一名助教做传讯员,询问投票结果。甲队探讨着到底应该投红票还是黑票,但结果都不对。当传讯员问甲队投票结果时,不论投出的红票还是黑票,他都是一句"你们的投票不符合游戏规则!我不接受!"然后转身离开。很多学员都不知道为什么,明明有投票,为什么就是不接受?后来有的学员做了助教后,才知道失败的原因。

红黑游戏的时间是30分钟,时间很快过去,但第一轮投票结果都没通过。游戏结束后,大师兄让学员一排排地坐好,一一质问:"游戏的目标是什么?"

有的学员回答:"游戏的目标是赢!"结果被大师兄痛斥了一顿:"赢?你知道什么叫作赢吗?赢的标准是什么?你所谓的赢,就是拉着对方一起去死!三天的课程,一直想着做领导,却从来没有想过可以给团队带来什么,没有真正为团队考虑过,你会知道什么叫赢?"

大师兄的这一顿骂,骂到了学员心里。很多人一直都标榜自己是团队领导,可真正能为团队成员提供的帮助很少。自认为做好自己的事情就足够了,却忘了团队是所有人的,没有承担起一个团队领导人的责任。

其实,红黑游戏讲的就是双赢,自己要赢,才能带着对方赢。可很多人只想着自己赢,完全没有考虑过对手的想法。在很多人看来,即使对手死了,也不关自己的事,其实这是错误的。整天喊着"双赢",可真正的双赢,又有几个人明白?几个人能做到?

●管理授权应该做好的六个步骤

授权是管理者走向成功的分身术。一个管理者如果不善于授权或者不授权,必然出现管理者累死、下属闲死的情况。最后的结果是事情没做好,下属抱怨,管理者整天疲于奔命;主次不分,老板不满意。

诸葛亮可谓一代英杰,赤壁之战等故事广为世人传诵,莫不显示其超人的智慧和勇气。然而他日理万机,事必躬亲,乃至"自校簿书",终因操劳过度而英年早逝,留给后人诸多感慨。诸葛亮虽然为蜀汉"鞠躬尽瘁,死而后已",但蜀汉仍最先灭亡。这与诸葛亮的不善授权不无关系。

授权是指管理者将自己的部分职权授予下属行使,使下属在一定的职责范围内全权进行工作,同时,管理者对下属的工作结果承担最终责任。

与分权不同,有效授权是各个层次的管理者都必须掌握的一门技巧。一个成功的管理者,会通过适当的授权,让下属充分发挥积极性和创造性,分担自己的工作,达到完成任务的目的。

步骤一,选对人

授权的关键是选择合适的人做合适的事情。选人要德才兼备,用其所长。选人授权要在信任的基础上进行,如果缺乏信任,授权就无从谈起。

步骤二,量能授权

有效授权要建立在合理分工的基础上,要依据不同员工自身能力合理

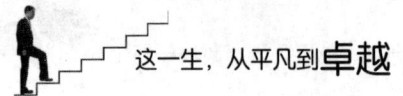

分工，科学放权，所谓合理分工就是管理者把本级领导机构的职责权限在下属成员中依照个人的专业知识、工作能力、性格特点等综合因素进行合理分解、划定、委托。

步骤三，权责一致

授权的前提是明确责任，这也是做好授权反馈与控制的前提。授权者必须向被授权者明确授权事项的目标、范围和职责。明确被授权者的权力和相应应承担的义务及责任，避免授权的重复。同时，授权者要给予被授权者相应的支持。

步骤四，检查评估

授权不等于放权，更不是做"甩手掌柜"。在授权过程中，管理者既要下放一定的权力给被授权者，让其在一定范围内享有自主权，还要对授权者进行必要的监督和控制，给予其必要的指导、考核，发现偏差，及时引导和纠正。

步骤五，核定授权范围

授权的程度是授权的一个重要因素。授权过少，往往会造成管理者的工作太多，挫伤下属的积极性；过度授权，则会造成工作杂乱无章，管理者放弃职守，还可能会导致下属不恰当使用权力，最终失去控制。

步骤六，承担责任

权力永远不能脱离责任，因为责任一旦等于零，权力就会成为负能量。授权不但要委任权能，更要委任一定职责，两者结合才能创造最佳的工作业绩。

●管理的四个阶段、八个步骤

PDCA循环作为全面质量管理体系运转的基本方法，需要收集大量数据资料，并综合运用各种管理技术和方法。全面质量管理活动的全部过程，就是质量计划的制订和组织实现的过程,这个过程就是按照 PDCA 循环,不停顿地周而复始地运转。

这一方法由日本的企业高管们在 1950 年日本科学家和工程师联盟研讨班上学到的戴明环改造而成,最先是由休哈特博士提出来的,由戴明把 PDCA 循环发扬光大,并且用到质量领域,故称为质量环和戴明环。

1.PDCA 管理循环的四个阶段

管理四个步骤 PDCA:计划、执行、检查、修正。

P(计划):找出存在的问题,通过分析制订改进的目标,确定达到这些目标的具体措施和方法。

D(执行):按照制订的计划要求去做,以实现质量改进的目标。

C(检查):对照计划要求,检查、验证执行的效果,及时发现改进过程中的经验及问题。

A(修正):对成功的经验加以肯定,制订成标准、程序、制度,巩固成绩,克服缺点。

对管理者来说,最重要的工作是计划和检查。合格的管理者做检查,卓越的管理者做计划。真正的人才绝对不会迎难而上,真正的智慧是刚开始就已经绕过大部分问题,并从问题中抓住机会。

成为管理者后,我们就会以管理为职业,不仅要看到自己的成功和失败,还要看到整个团队、整个组织的成功和失败,需要学会忍耐,学会委曲求全。此外,还要把管理这个职业做得很专业。

2.PDCA 管理循环的八个步骤

第一步,找出问题。分析现状,找出存在的问题,包括产品(服务)质量问题及管理中存在的问题。尽可能用数据说明,并确定需要改进的主要问题。

第二步,分析原因。分析产生问题的各种影响因素,尽可能将这些因素都罗列出来。要逐个问题、逐个因素详加分析。切忌主观、笼统、粗枝大叶。

第三步，确定主因。找出影响质量的主要因素。需要注意的是：

（1）影响质量的因素是多方面的，从大的方面看，可能有操作者、机器设备、原材料、工艺方法或加工方法、环境条件以及检测工具和检测方法等。即使是管理问题，影响因素也是多方面的，例如，管理者、被管理者、管理方法、使用的管理工具、人际关系等。

（2）每项大的影响因素中又包含许多小的影响因素。例如，从操作者来说，既有不同操作者的区别，又有同一操作者因心理状况、身体状况变化引起的不同原因，还有诸如质量意识、工作能力等多方面的因素。

（3）全力找出影响质量的主要的、直接的因素，以便从主要因素入手解决存在的问题。

（4）忌"眉毛胡子一把抓，丢了西瓜捡芝麻"；切忌什么因素都去管，结果管不了而导致改进的失败。

第四步，针对影响质量的主要因素制订措施，提出改进计划，并预估其效果。注意：

（1）措施和活动计划要具体、明确，切忌空洞、模糊。

（2）具体明确5W1H的内容，要回答：为什么制订这一措施计划；预计达到什么目标；在哪里执行这一措施计划；由谁来执行；何时开始，何时完成，如何执行。

以上四步是P计划阶段的具体化。

第五步，执行计划。按既定的措施计划进行实施，也就是D执行阶段。注意：执行中若发现新的问题或情况发生变化（如人员变动），应及时修改措施、计划。

第六步，检查效果。根据措施计划的要求，检查、验证实际执行的结果，看是否达到了预期的效果，也就是C检查阶段。请注意：

（1）检查效果要对照措施计划中规定的目标进行；

（2）检查效果必须实事求是，不得夸大，也不得缩小，未完全达到目标也没有关系。

第七步，纳入标准。根据检查的结果进行总结，把成功的经验和失败的教训都纳入有关标准、规程、制度之中，巩固已经取得的成绩。请注意：

（1）这一步要下决心，否则就失去了意义；

（2）在涉及更改标准、程序、制度时应慎重，必要时还要进行多次PDCA循环加以验证，还要按GB/T19000-ISO9000标准的规定采取控制措施；

（3）非书面的巩固措施有时也是必要的。

第八步，遗留问题。根据检查的结果提出这一循环尚未解决的问题，分析因质量改进造成的新问题，把它们转到下一次PDCA循环的第一步去。需要注意的是：

（1）对遗留问题应进行分析，一方面要充分看到成绩，不要因为遗留问题而打击了对质量改进的积极性，影响了士气；另一方面又不能盲目乐观，对遗留的问题视而不见。

（2）质量改进之所以是持续的、不间断的，就在于任何质量改进都可能有遗留问题，进一步改进质量的可能性总是存在的。

需要说明的是，四个阶段必须遵循，不能跨越。八个步骤可增可减，视具体情况而定。

第六部分
生命是一场感召

第十八章 从平凡到卓越"四圣谛"

"四圣谛"一词来源于佛教用语。"谛"就是如是不颠倒,即是真理。"圣谛"是圣人所知之正确的真理。佛教以苦、集、灭、道为四圣谛,又称四谛。佛陀因证悟"缘起"而成佛,但因缘起深奥难解,为使尚未起信的众生免于畏怯,所以佛陀在初转法轮时,特以"四圣谛"来说明众生生死流转以及解脱之道的缘起道理,进而激发众生厌苦修道的决心。

在"从平凡到卓越"的课程当中,我们对从平凡到卓越"四圣谛"的定义是:因爱之名,以己为师,自觉觉他,度世度己。

人生的旅途,不可描述;生活的变数,不可预知;命运的多舛,不可琢磨;隐秘的悲苦,不可言说;人性的诡谲,无可奈何!在绝望的世界里,爱是唯一的光亮,即便不知明天是否还能够看见太阳升起。但是,一份爱的信念支撑着千疮百孔的心灵和垂垂倒下的身躯,支撑着一个个不知明天为何的人们,一步步、一点点地走过黑暗。

好像黎明前的黑暗,又好像晴好之前的暴风骤雨,漫长等待的间隙,爱,如同生命的呼吸,如同寒冷里面的微温,如同黑暗里的曦光,支撑所有的生命,自渡!

●因爱之名,行爱之事

与生命照面,才发觉爱的伟岸;与时间照面,才凸显生命的短暂。生命

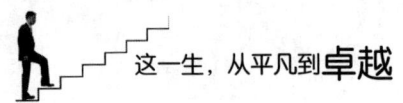

以各式各样的形态展现着,但始终以爱一线贯穿。

当世界唤醒内心那个名叫爱的元素的时候,一定要好好体会,用善良及感恩作为催化剂去珍惜。当我们身处困境时,要相信并寻找"爱"这个元素,不要让生存的苦涩覆盖心中的甜美。

爱,是什么?他是一股力量,是超越了对立和自私、冷漠与狭隘,体谅他人感受的一股纯正的力量!

现实生活中,面对都市生活的压力,人们早已习惯了冷漠和疏离,甚至过马路都是行色匆匆一脸茫然,并习惯了将自己紧紧包裹,这或许是自我保护吧。而爱是可以触碰到每个人内心的,那些久违的感动和温暖,可以将现实生活中的冷漠、疏离瞬间融化。

生活告诉我们,对每个人、每一样事物都要有爱心。因为,只要有爱心,就会有回报。

一位单身女子搬了家,发现隔壁住了一户穷人家,一个寡妇与两个孩子。

有天晚上,忽然停电了,女子只好自己点起了蜡烛。没一会儿,忽然听到有人敲门。

女子打开门一看,原来是隔壁邻居的孩子。

孩子紧张地问:"阿姨,请问你家有蜡烛吗?"

女子心想:他们家竟然穷到连蜡烛都没有吗?千万别借给他们,免得被他们给赖上了!于是,对孩子吼了一声说:"没有!"

就在她准备关上门时,孩子露出笑容说:"我就知道你家一定没有!"说完,从怀里拿出两根蜡烛,说:"妈妈和我怕你一个人住又没有蜡烛,让我带两根来送你。"

女子热泪盈眶,将那孩子紧紧抱在怀里。

有爱心是做人的最基本要求。

爱心是良心的基础，有爱心才会有良心，爱心的多寡决定着良心的好坏。

有爱心的人做事，不仅会考虑个人利益，还会充分考虑他人利益和社会利益，并将个人利益与他人利益、社会利益进行合理的平衡，综合处理问题，所以他们通常人际关系好，朋友多，社会关系更和谐。

没有或缺乏爱心的人，做事或处理问题通常只顾个人利益，不考虑他人利益或社会利益，缺乏社会公允，其结果是损人利己，一方满意一方有意见，长此以往，就会积累众多矛盾，影响社会和谐。

爱心是无价的，它不需要回报，但能够心心相传。如果说，每一件善事都是一颗珍珠，那么我们每一个人的爱心就是一根金线。用金线把一颗颗珍珠串起来，就能得到世界上最珍贵的无价项链！

●以己为师，反省深思

古人有一段名言："以铜为镜，可以正衣冠；以古为镜，可以知兴替；以人为镜，可以明得失。"怎么才叫以人为镜呢？孔子说："三人行，必有我师焉。"后面还有两句："择其善者而从之，其不善者而改之。"意思是，别人的言行举止，必定有值得学习的地方。看到别人缺点，反省自身的缺点，如果有，就加以改正。可是，说出来简单，做起来可就难了。我们可以从"平凡到卓越"培训中的"照镜子游戏"来理解。

照镜子游戏分为"送钻石"和"送嘉许"两个环节。

"送钻石"环节，分为两个角色：送钻石的人和收钻石的人。所有学员围成圆圈坐下，收钻石的人站在圆圈中间，送钻石的人面对收钻石的人，从助教右手边开始逆时针进行。

要求：收钻石的人检视的内容要真实，收钻石的时候不用回应，保持安

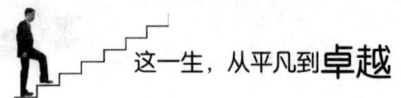

静；送钻石的人说的话必须是真实的，而且是发自内心地指出对方缺点、不足之处。

我们可以发现，不论是游戏还是现实生活中，批评别人都很容易。有的时候，我们可能轻描淡写地指出别人的缺点。我们不太容易考虑别人的内心感受，容易图一时痛快而口无遮拦，结果让人受到严重伤害。反过来也是，我们愿意听到别人的表扬，哪怕是虚假的表扬；但绝不愿意听到别人的批评，哪怕是有的放矢、恰如其分的批评。为什么会这样呢？源自于我们的虚荣心。所以，先贤才说："以责人之心责己，则近道。"

"送嘉许"环节，也是分为两个角色：送嘉许的人和受嘉许的人。

所有学员手拉手围成一个圈，受嘉许的人站在圈中间，送嘉许的人面对收嘉许的人，由助教右手边开始逆时针进行。

要求：受嘉许的人不用回应，保持安静；送嘉许的人说的话必须是真实的且发自内心的赞美。

面对别人的赞美，虽然有的赞美并不真实，也愿意听，甚至对赞美之人产生好感；而对于有些赞美，明显觉得并不到位，不但有些遗憾，甚至多少还有些愠怒。

对别人进行赞美，也不是一件容易的事情。首先得发现人家的优点，不能胡说八道。但是，发现自己的优点很容易，发现别人的优点却很难。为什么？因为人们都重视自己，而不重视别人！所以，先贤才说："以爱己之心爱人，则近仁。"是的，应该以重视自己的态度来重视别人，以爱自己的心来爱别人。虽然不一定短时间内就做得到，起码应该知道努力的方向。

大师兄设计的这两个体验项目，实在是了不起的创意。游戏看起来很简单，里面却包含着大智慧。

反省是人类进步的阶梯，人类社会的任何一点进步都是从自我反省开始的。

能够时时审视自己的人，一般都很少犯错，因为他们会时时考虑：我到底有多少力量？我能干多少事？我该干什么？我的缺点在哪里？为什么失败了或成功了？这样，就能轻而易举地找出自己的优点和缺点，为以后的行动奠定基础。

现实生活中，很多人都曾这样抱怨："我每天都在拼命地工作，我一刻也没闲过，可如此努力为什么总是不能成功呢？"正如成功多是内因起作用一样，失败也是自己缺点引起的，一个人必须懂得不断自我反省和自我总结，改正自己的错误，才不会在原处打转或再次被一块石头绊倒。

只有通过"反省"，时时检讨自己，才可以走出失败的怪圈，走向成功的彼岸。

1. 反省解决的是如何做人的问题

做人就是修身，也是通过不断检讨自己的行为，更好地适应他人。修身就是一个不断"减私"的过程，"私"念越少，做人越成功。人们都喜欢与成功人士交往，因为成功人士大多私心比常人少。

私心少，爱心就多，对他人、社会的贡献就大。跟成功人士交往，人们在仰慕之外，更多的是放心。成功人士往往会带给别人更多的是益处，这种"少私""无私"就形成了成功人士独特的人格魅力，也为他们带来美誉，让他们成为别人学习的榜样。

成功人士的反省是自动自发、来自内心深处的，它以正向为原则，以是否对他人、社会有益为标准。正是这种正面的主动反省，让他们始终不偏离美德的航向，成功的步伐就会越迈越大。

2. 反省解决的是如何做事的问题

只有把事情的每个细节做好，才能把事情做成。反省可以总结得失，寻找差距，对的继续发扬、提升，错的及时避免、修正，从而不断提高能力，挖掘潜力，把事情做得更准确、更完美。可见，反省是把事做好的保证，也

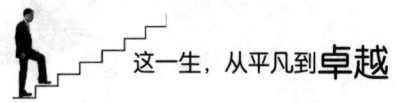

是成功的重要基础。

小事靠个人，事业靠团队。任何人都有长处与短处，只有优势互补才能把事业做起来。反省，能够让人发现自己的不足，从而扬长避短，互相协作，这正是成功人士获得成功的原因。

事业是汇聚大家力量做成的，要把大家凝聚到一起，靠的就是人格魅力。只有仁爱正向、公正无私，大家才能互相信任、依靠，从而形成团队，齐心协力把事业做好。

3. 反省解决的是如何帮助别人的问题

人不是孤立生活在这个世界上的，每个人都必须与别人相处、协作。只有正视、反思自身的不足，发现、学习别人的长处，才能与他人融洽、和谐相处，才能与别人有良好的协作。

勤于反省的人一定是善于成就别人的人。他们不仅自己做事优秀，还会不遗余力地帮助别人提升能力、挖掘潜力，让别人生活得更有尊严。因为他们知道，帮助别人就是帮助自己，帮助别人越多，自己越快乐，别人也会因感激而更加努力地工作，回报社会。

做好人、做好事、成就他人是自我反省的必然结果，也是人生的最高境界！

●自觉觉他，终究圆满

自觉觉他，指大乘菩萨自己觉悟所修之法，又能令其他有情觉悟之。大意是说，大乘菩萨不仅自己觉悟所修的佛法，也能使其他众生觉悟。就如孟子所说的："以先知觉后知"，就是先知先觉的人，教导后知后觉的人。一个人如果觉悟了，悟道了，对一切功名富贵都看不上，解脱了世间一切的痛苦，自己升华了，这就叫"自觉"，自己觉悟了。但这还不够，还要看到世上的众生，他们还在苦难中，因此，我们还要广度一切众生。这种牺牲自我、利益一切众生的行为，就是"觉他"，也就是佛学上讲的"大乘菩萨道"。

"自觉"是一种高水平的智慧状态，达到这种状态的人，可以"看到事物不同，不带自心偏见"，可以真切地看到事物本然的样子，事物的因果规律在他眼中了了分明。看清楚这个因果规律后，他就可以轻松地选择正因去做，达成想要的结果。"自觉"的人是智慧的，因而是幸福和自由的。

"自觉觉他"就是成为自己的光，点亮别人；"自觉觉他"中"自觉"是关键，是前提。"自觉"不足时就无法"觉他"，还没有成为自己的光，就无法点亮别人。

人只有先点亮自己，然后才能照亮别人，影响社会。如果自己心中黑暗，整个人如何发光发热？又如何从正面影响他人，奉献社会？所以，内省自查、驱散黑暗、拥有光明的心态，是人生第一重要之事。

点亮自己更要思想美丽。这种美丽，只有善于思考、能够思考、正确思考的人才能获得，也才能体会。如果胡思乱想，非但感觉不到任何美丽，还会陷入痛苦灾难的深渊。

点亮自己更要善于思考。只有认真思考过人生的人，才有资格谈论人生。只有正确的思考，才能成为正常的人。只有心灵充满亮光的人，才能感受到自身强大的力量，并对人生不失去梦想和希望。

点亮自己，活得更有质量。点亮属于自己的那一盏生命之灯，既照亮别人，更照亮自己。只有先照亮别人，才能够照亮我们自己，这样我们的生命才会更有意义，更有价值。就像一首歌里唱的"请让我来帮助你，就像帮助我自己，请让我来关心你，就像关心我们自己，这世界会变得更美丽！"只有这样，自己才能活得更舒坦，更有质量。

像灯塔那样照亮新征程。灯塔点亮了自己，照亮了别人，也照亮了

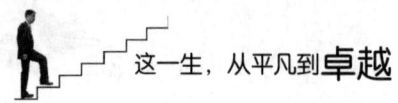

世界。

●度世度己，一生欣乐

"度己度人"是大乘佛教的宗旨，是相辅相成的；帮助别人，实际上是完善自我，提升自己，又能更好地帮助别人。

古时候，有两兄弟各自带着行李出远门。一路上，重重的行李将兄弟俩都压得喘不过气来。他们只好左手累了换右手，右手累了又换左手。忽然，大哥停了下来，在路边买了一根扁担，将两个行李一左一右挂在扁担上。他挑起两件行李上路，反倒觉得轻松了很多。

走在人生的大道上，肯定会遇到许多的困难。但应该知道，在前进的道路上，搬开别人脚下的绊脚石，有时恰恰是为自己铺路！

爱默生说："人生最美丽的补偿之一，就是人们真诚地帮助别人之后，同时也帮助了自己。"在帮助别人的时候，也就是在帮助自己。

给，是一种舍，在给别人的时候，就是在舍自己的某些东西，如时间、精力、关怀、财物等。而这些舍，同样会使我们有所得。

"赠人玫瑰，手有余香。"这是说，在给予别人的同时，自己也会有收获。每个人都不是独立地存在这个世界上的，都会遇到困难，遇到自己解决不了的问题。这个时候，就需要向别人求助，能得到别人帮助，就会心存感激，希望他日自己也可以为别人做些事情。同样地，当我们帮助别人时，别人也会心存感激，希望他日伸出援助之手，帮助我们。

一个人在离开了人世后，天国的导游为了让他明白天堂和地狱的区别，就带着那个人分别参观天堂和地狱。

首先参观的是地狱。这里的人都很瘦小，面黄肌瘦，骨瘦如柴。到地狱的餐厅一看，人们都围在一口大锅周围，却吃不到锅内的美味佳肴，急得团团转。因为他们每人手里的筷子都有一米长，根本无法把饭菜送到自己嘴里。

然后，导游又带着这个人去了天堂。天堂与地狱的餐厅一模一样，同样是一口大锅，里面也是美味佳肴。奇怪的是，虽然天堂的人也是用一米长的筷子，但每个人都红光满面。一样的设施，为什么结果却是天壤之别呢？

原来天堂的人是用长筷子互相喂食，你夹给我，我夹给你，所以大家都有饭吃！

天堂和地狱的区别在于，地狱的人没有意识到帮助别人其实就是帮助自己。

付出爱心，就会种下一片希望。对别人施与善行，就能得到更加丰厚的回报，而为别人付出的时候，本身就能体验到生命的快乐与幸福。

第十九章 再一次出发，这一生从平凡到卓越

● 新的开始，新的征程

人生可以随时开始，即使只剩下生命中最后的 24 小时。只要还能思考，还充满了梦想，就可以重新开始自己的人生。为什么有时明明知道自己错了，还要继续错下去？为何已经深陷痛苦之中，却仍然不愿逃离出来？明知这条路不适合自己，再走下去，结果只是枉然，为何不立即舍弃，重新开始？

人生随时都可以重新开始，没有年龄限制，更没有性别区分，只要有决心，有信心，即使到了 70 岁，也能实现梦想。

今天是一个结束，又是一个开始。昨天，成功也好，失败也好，今天都可以重新开始，重新开拓自己的人生。昨天失败了，不要紧，总结失败的教训，继续努力；昨天成功了，今天依然要重新开始，在成功的基础上继续努力，争取新的辉煌。

● 改变从此刻开始

整个从"平凡到卓越"的课程，精华在于第三天。第三天下午的课程并不在教室里面，而是在教室外面。所有的学员要做一个活动——公益感召。乍听到这个名字，可能很多人都不太懂是什么意思，还以为是去福利院、敬老院之类的地方去做义工。其实，确实是做义工，但去的地方却不是福利院

和敬老院。

感召活动的要求很特别：

（1）不能做专业性工作；

（2）不能欺负弱者；

（3）不能用钱；

（4）不能选择感召对象；

（5）第一次被拒绝，继续感召。再次被拒绝，要深深鞠躬，并大声地说："谢谢你，给我一个提升的空间！"

经过讨论，某小组成员确定了感召活动是"打扫卫生"，结果被助教否决了，因为不能做专业性的工作，后来改为"爱的传递"。规则是：

（1）通过电话、微信、QQ等方式，传递对家人、朋友的关心和爱；

（2）每个学员都要感召到10个人，不得是同一对象；

（3）凡是身边经过的人都是目标对象，都要主动去做感召，不能漏掉任何目标对象。

确定了规则以后，大家就开始行动了。

在选定目标的道路上，先过来一位25岁左右的美女。她斜挎着一个时尚包包，一边走一边玩手机。大家鼓励一个学员甲"先下手为强"。可是，说起来容易做起来难，关键是很尴尬。彼此不认识，更不熟悉，见着美女就搭讪，人家骂你"流氓"怎么办？可是，为了不错过机会，学员甲只好硬着头皮向美女走去。

"你好！我们是'黄金时代'培训课程的学员，现在要做一次感召活动'爱的传递'。你愿意听我详细解释一下我们的活动吗？"美女先是一愣，听明白学员甲的话后，大方地笑了笑，然后停下来听他解释。之后美女给父母打了个电话，并说了声"我爱你们"。学员们在边上报以热烈的掌声。

第一次获得圆满成功，以后的事情就好办多了。

当然，也有不配合的，甚至对活动表现出怀疑与害怕的。一位女学员跟

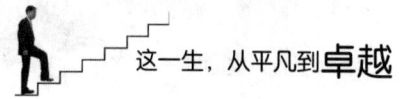

一位40多岁的男士提出"爱的传递"的要求时,男士竟然怒目而视,还骂了一句"神经病",不但让女学员感到很尴尬,也让全体队员很尴尬。被拒绝时的挫败感令人难受,大家只能彼此激励。每完成一次任务,内心都会涌出无法言喻的成就感。

感召活动结束后,每个人都仿佛成了身经百战的战士。在课程中,大师兄给学员们做了一些关于感召的分享。

全世界销售做得最好的是乔·吉拉德。他连续12年,每天卖出6部雪弗兰,并因此进入吉尼斯世界纪录。2005年5月19日下午,乔·吉拉德在广州天河体育馆举办了一场4个小时的演讲。关于这场演讲,大师兄跟学员们分享了三点。

第一,必须学会聚焦,锁定目标。

乔·吉拉德说:"美国有一种运动叫赛马,每次赛马的时候,选手都会给马戴上眼罩。"眼罩是干嘛的?聚焦!锁定目标。周围一切都被眼罩遮住,什么都看不到,唯一能看到的就是目标。乔·吉拉德说:"很多人一生都想做很多惊天动地的大事,但其实只要做好一件有意义的事,那他就是成功的人。"

第二,量大才能支持成功。

举办这场演讲的时候,乔·吉拉德已经70多岁,他是怎么上场的?跳着迪斯科上来的!听众瞬间被点燃,开始舞动起来。在气氛达到顶点的时候,乔·吉拉德问:"你们想不想知道我为什么成功?"所有的人都大声回答:"想!"乔·吉拉德把西装一脱,名片如雪花般从西装里飞了出来,然后说:"这就是我成功的理由!"乔·吉拉德的口号是"永远不和非客户的人一起吃饭。"吃饭就要买单,就要刷卡,刷卡的时候,他会掏出三张名片给服务员,说:"您好,我是卖雪弗兰的乔·吉拉德。这里有三张名片,一张是给你的,一张是给你父亲的,一张是给你母亲的,如果有需要,请随时找我。"所以,做事情,量大是关键,量变才会引起质变。

第三，降格以求。

乔·吉拉德是怎么讲爱国的？他在舞台上摆了两面国旗，一面是美国的星条旗，一面是中国的五星红旗，他跪下去亲吻中国的五星红旗。很多人认为乔·吉拉德的方法很极端，看起来很幼稚。但乔·吉拉德之所以用这样的方法，就是为了告诉听众最简单的道理！记住：降格以求！

真正走出这个教室做感召的时候，我们也许会受到拒绝、冷漠，甚至有人会逃避你、嘲笑你！不是因为你们比他们差，恰好相反，而是因为这三天的课程，让你们的心开始有所不同，所以才去感召。不管碰到什么样的事情，只要勇于迈出第一步，也就真正做到了降格以求！

降格以求，很简单的四个字，要真正做到却非常难。尤其是当一个人已经身处高位的时候，更难放下自己的身份、地位和自尊去做一些事情。被人嘲笑，被人奚落，被人拒绝，被人怀疑，都要用一颗真挚的心来笑着面对，都要用一种最平凡、最朴素的态度来看待，这样的结果，才是真正的收获！

●快乐＝感恩、感谢、感激

长久以来，很多人都带着一颗渴求之心负重而行。渴求财富，渴求成功，渴求拥有幸福，渴求荣耀，渴求自己想要的一切……我们总是在渴求，却淡忘了所拥有的一切；只有对未来的无限渴求，而忘记了对今天的感恩。

"感恩"是个舶来词，《牛津词典》对"感恩"的定义是"乐于把得到好处的感激呈现出来并且回馈他人。""感恩"是一种回馈和报答，生活在这个世界上，一切都对我们有恩情！

感恩是一种能力，更是获得能量与能力的途径。把一小块明矾放入混沌的水中，水很快就会澄清。其实，感恩的心就像这一小块明矾，能够荡尽内心的烦躁和不安。用心去倾听，用心去感悟，用心去付出。一个人懂得

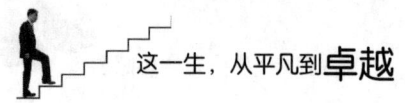

感恩,他一定是个具有良好修养的人,一个真诚待人的人,一个有责任感的人。

快乐到底是什么?只是六个字:感恩、感谢、感激。

美国前总统罗斯福家曾失窃,友人闻讯后,忙写信安慰他。他在回信中写道:"亲爱的朋友,谢谢你来信安慰我,我现在很好,感谢老天。因为,第一,贼偷去的是我的东西,而没有伤害我的生命;第二,贼只偷去我部分东西,而不是全部;第三,最值得庆幸的是,做贼的是他,而不是我。"对任何一个人来说,失窃绝对是不幸的事,罗斯福却找出了感恩的三条理由。

由此可见,任何时候都能找到感恩、感谢、感激的理由。

面对困难,我们是懊恼拘怨、沮丧气馁、陷入绝望,还是对生活满怀感恩之心,跌倒后再爬起来呢?英国著名作家威廉·萨克雷说过"生活是一面镜子,你对它笑,它也会对你笑;你对他哭,它也会对你哭。"

如果对生活感恩,你的生命将充满灿烂的阳光;如果一味怨恨,终将一无所获。我们成功时,有千万个理由感恩生活;而失败时,只要一个借口就会表现出忘恩负义。

时时怀着一颗感恩的心,最大的受益人是别人,也是自己。生活给予你挫折的同时,也赐予你坚强,也就有了另一种阅历。对于热爱生活的人,它从来不吝啬,但要看你有没有一颗包容的心,来接纳生活的恩赐。酸甜苦辣不是生活的追求,但一定是生活的全部。

●让心回归,让爱传出去

这个世界上从不缺少爱,如果我们感受不到爱,并不代表我们身边没有爱,而是我们没有感知爱的能力。

爱不分年龄、不分性别、不分肤色、不分种族,不管你是身家丰厚的律师还是流浪街头的露宿者，内心深处始终流淌着爱的血液，如果每个人都能够被这个世界善意对待，那么这份爱就会受到感召并且被传递出去。

只要怀揣散播爱的种子，不放弃每一颗爱心，这个世界一定会变得更加美好。世界会温柔地对待每一个有爱的人，人与人之间的猜忌会逐渐消解，建立起更多的信任与爱。改变是一件困难的事，但只要我们愿意踏出第一步，用爱去接纳、帮助需要被爱的人。相信我们每一个善举都会让这个世界变得与众不同。不管我们见到与否，这个世界终会因为我们的举动而变得更美好一些。

有个美国老师，通过自己的努力，把她的一生都奉献给了这个小镇上的孩子们。因为年事已高，身体状况越来越差，她不得不离开奉献了一生的教师岗位，离开这些与她朝夕相处的孩子们。在退休的前夕，老师问自己："在这一生，要坚持任何事情都不容易，是什么支持自己坚持走完了这一生？尽到了自己这一生的责任？谁是自己这一生在事业上最爱、最需要感谢的人？"老师想了很久，一直没有答案，直到那一天，那一刻。

那一天是老师站在讲台上的最后一天。在课堂的最后，老师邀请所有的学生坐下来，告诉每一位学员："一生中，要坚持完成一件事情并不容易，而支持我一直走到今天，是因为有在座的你们。你们的支持，你们的不抛弃、不放弃，才支持我走到今天。所以，你们是我一生中最爱、最需要感谢的人。"

老师走到每一位学生旁边，拥抱了每一位学生。之后，老师从怀里掏出一件礼物，这件礼物有着天空的颜色，也有着大海的颜色，是一根长长的蓝色丝带。

老师把蓝色丝带系到每一个学生的手臂上，告诉他们："蓝色丝带象征着爱与支持，蓝色丝带是要送给最爱、最需要感谢的人。你们一定要把这份爱传出去，把蓝色丝带送给每一位你最爱、最需要感谢

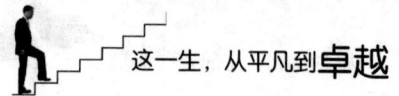

的人。"

在学生中,有个叫保罗的学生。他是个极普通的学生,既不是成绩最好的,也不是最差的;既不是最调皮的,也不是最听话的。很多时候,保罗都怀疑,在老师眼里,到底有没有他这个人的存在。

老师来到保罗的身边,把蓝色丝带系在保罗的手臂上,拥抱保罗,告诉保罗:"你就是我一生中最爱、最需要感谢的那个人。"保罗的眼泪一下子流了出来。他意识到,原来自己不是微不足道的存在。

保罗记得老师的话,打算把这份爱传递出去,把蓝色丝带送给最爱、最需要感谢的人。保罗和哥哥相依为命,这天,当哥哥拖着疲惫的身体回到家的时候,保罗跑过去拥抱了他,并把蓝色丝带系在了哥哥的臂上,同时给哥哥讲了蓝色丝带的故事。

和很多人一样,哥哥的心早就已经麻木,从来没有意识到,自己日复一日的工作,会对弟弟有着这么重要的意义。第二天晚上,哥哥拖着疲惫的身体准备下班,经过老板办公室门口的时候,便停下回家的脚步,推开老板办公室的门,站到了的老板面前,拥抱了老板,并将蓝色丝带系在了他的手臂上,告诉了老板关于蓝色丝带的故事。

之后,老板将蓝色丝带给了儿子。本来早该熟睡的儿子从床上爬了起来,抱着老板号啕大哭。他说:"爸爸,你知道吗?我本来准备今天晚上离家出走的,因为你已经有太长时间没有陪伴我!"

是啊,当我们觉得坚持不下去的时候,觉得自己已经没有办法再努力的时候,是否还记得自己为谁而努力,又为谁而坚持?蓝色丝带的故事很快就在美国流传开来,越来越多的人知道了蓝色丝带的意义。

第二次世界大战结束后,美国总统来到西点军校,为西点军校全体教官发表了热情洋溢的讲话,感谢西点军校全体教官的付出,正因为有了他们的付出,才会有美利坚合众国今日的民主与自由。在演讲的最后,总统来到西点军校校长的面前,他从怀里掏出了一根蓝色丝带,拥抱了校长,把蓝色丝带系在校长的手臂上,告诉他:"你就是美利坚合众国最需要感谢的人。"

校长是个地地道道的美国人,自然知道蓝色丝带的故事和意义。他没有犹豫,立刻解下了蓝色丝带,把它系到了最老的校官手上,然后拥抱了他,告诉他:"你才是军校最需要感谢的人。"就这样,蓝色丝带从一个校官的手上传递到另一个校官的手上,从一个地区传递到另一个地区,从一个国家传递到另一个国家。

今天,越来越多的人知道了蓝色丝带的意义,知道蓝色丝带有着天空和大海的颜色,象征着爱与支持,蓝色丝带只送给最爱、最需要感谢的人!

故事讲完后,大师兄也送给每位助教一根蓝色丝带。因为他认为,助教是在用自己今日的谦卑,成就大家明日的辉煌。作为蓝色丝带的接受者,助教们都非常感动。当助教在所有学员面前单膝跪下的那一刻,学员们感动得几乎要流泪。在这三天中,助教陪着学员一起学习,帮助学员成长,带领学员走向成功,他们却用着最谦卑的方式将代表着希望与感恩的蓝色丝带系在了学员的手臂上。那一刻,学员内心清楚地意识到了蓝色丝带的神圣,以及接受蓝色丝带的使命。

心态是一个人对生命的感悟,对人生的追求,体现在举手投足之间,流露于一言一行之中。好的心态是人生中宝贵的财富,因为它决定了一个人的思维方式、行为习惯、生活态度。

感恩是一种积极的心态,努力向上、百折不挠、追求美好。感恩是一种平常的心态,就像缕缕阳光,平淡无奇,却恩泽万物;就像涓涓细流,平静安详,却润物无声。感恩是一种美好的心态,像风和日丽,处处可以触到;像秋高气爽,人人可以享受。

我们应该时刻用感恩的心去对待周围的人和事,并用实际行动表示出来。一是多看别人的长处、优点,做到取人之长补己之短;二是不要吝啬自己的感谢,让别人接收到这份感谢;三是用积极的心态面对困难与挑战,对

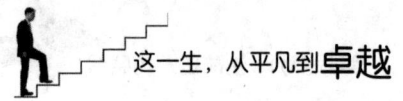

工作充满热情,积极进取,努力工作;四是乐观生活,善良友好,关爱他人,爱护世界。

感恩具有感染力,周围的人同样会以感恩回报于我们。

●告诉自己:你最珍贵

从平凡到卓越是一个什么样的过程?有人说,从平凡到卓越是奋斗的过程,是努力的过程。其实,从平凡到卓越就只是一个"回来"的过程。如何理解呢?我们来看看东西方的智者是怎么样定义的。

东方的释迦牟尼出生的时候,斜走七步,脚站莲花,说了一句话:"天上天下,唯我独尊。"西方的耶稣说:"上帝按照自己的模样创造了人。"也就是说,每个人都具备神性,每个人生来就是卓越的。每个人都是带着鲜花、掌声来到世界上的,每个人的眼睛都曾充满爱与支持、信任与关怀。

既然每个人生来卓越,可为什么今天还要从头开始呢?在我们的生命中究竟发生了怎样的事情,让自己变得不那么卓越了呢?从平凡到卓越,只是我们回来的过程——让心回归,让心归位。从平凡到卓越,所有的一切都只源于这样一句话:你最珍贵!

有这么一个"九牛之人"的故事。

在很久很久以前,一个岛国有两兄弟。两兄弟非常优秀,拥有着别人一辈子都无法超越的财富。随着年龄的增长,两兄弟遇到了所有男人都要面临的问题,就是成家。

两兄弟很优秀,希望娶个优秀的老婆,于是开始用各种方法来寻找适合的妻子。但两兄弟的要求实在是太高了,找了很久,都没有找到。怎么办?他们打算驾船出海,到别的国家继续寻找令他们满意的妻子。

他们到一个新的岛屿，这个岛屿比他们的岛屿更大，有更多的机会。两兄弟很开心，为了找到他们梦中的新娘，用尽了一切办法，例如，找媒婆、贴布告、上门拜访。可是，他们足足花了三个月的时间，找遍了每一寸土地，依旧没有找到梦中的新娘。

两兄弟从一个岛屿到另一个岛屿，从一个国家到另一个国家，一直寻找。直到有一天，他们正准备驾船出海的时候。走在路上，哥哥突然一动也不动地望着前方。

弟弟问："你怎么了？"哥哥说："你看，前面那个女子。"弟弟看了半天，不知道看哪个女子。

哥哥说："前面那个穿着白衣的女子，她就是我找了很久的梦中新娘。"弟弟顺着哥哥的视线看过去，只觉得女孩很平常、很一般。哥哥却觉得那个女子就是他梦寐以求的新娘。弟弟以为哥哥想放弃，不愿意再找了，于是愤怒转身离开，哥哥一个人追着那个白衣女子而去。

哥哥跟着女子来到了一个村庄，打听后，知道那个女子还没有嫁人。哥哥问当地人，怎样才能娶到那个女孩？

这个地方的聘礼很奇怪，既不是金银珠宝，也不是房屋田舍，而是牛。长得很丑陋、很不善良的女孩子，一头牛；长得马马虎虎，站在哪里都安全的女子，两头牛；长相美丽且知性的女孩，九头牛。

哥哥立刻就到市场上买了九头牛，来到女孩的家门口，敲响了女孩的家门。开门的是一个老头，询问之下，才知道老头是女子的父亲。哥哥恭敬地说明了来意，表示想娶他的女儿。

老头听了哥哥的话，说："你确实很优秀，刚好我的女儿没有嫁人，我可以把女儿嫁给你。"哥哥一听，大喜过望，长揖至地，对老头说："未来岳父在上，请受小婿一拜，我特意带了九头最肥硕的牛来娶您的女儿。"

"扑通"一声，那老头吓得往地上一坐，颤巍巍地爬起来对哥哥说：

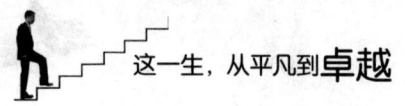

"年轻人,你说什么?"

"我带了九头最肥硕的牛来娶您的女儿。"哥哥再次重复。

"年轻人搞错了,我可以把女儿嫁给你,但我的女儿只值四头牛。如果我收你九头牛,本地人会说我不讲诚信,欺负外地人,我在这个地方会待不下去的。"老头解释道。

"不是,您女儿价值九头牛。"

"不是,我女儿只价值四头牛。"

两人开始争起来,最后老头说不过哥哥,只好让步:"好了,你把九头牛放这里,其中四头牛算聘礼,还有五头牛,我帮你养着,反正已经是一家人了。"

哥哥说:"您女儿价值九头牛,我一定要有九头牛来迎娶您的女儿。"

时间过得很快,一眨眼两年过去,弟弟在这两年里,懂得了更多的人情世故,但依旧没有找到他梦中的新娘。弟弟开始想哥哥了,回到了当初和哥哥分开的地方。

重新回到和哥哥分开的地方,弟弟突然发现,人群中有一个美艳无比的女人,只是很可惜,女人抱着一个一岁左右的孩子,已经嫁人了。弟弟纳闷了,因为两年前他来到这里的时候,找遍了所有的人家,都没有发现当地有这么美丽的一个女子。

弟弟上前询问那个女子,跟他说明了来意,说自己是来找哥哥的,问她有没有见过他哥。

女子抿嘴笑了笑,说:"我知道,你跟我来。"

弟弟跟着女子来到了哥哥家,两兄弟一见面就泪流满面,恨不得秉烛夜谈,好好叙旧。聊着聊着,弟弟突然意识到,他来了这么久,还没有见过嫂子,于理不合。于是就问哥哥:"我来这么久了,还没有见过嫂子,嫂子去哪里了?"

哥哥疑惑:"刚带你来找我的那个女子,就是你嫂子。"

弟弟大惊:"你不要骗我了,嫂子我两年前见过,长得一般,根本就不是刚才那个女子啊。"

这时,女人从后房走出来,走到了弟弟面前,说:"我就是你两年前看到的那个长得一般般的女子。因为从小到大,身边的所有的人都觉得我只价值四头牛,所以我一直过着四头牛的生活。而你哥来到我家告诉我,我价值九头牛,一定要用九头牛来娶我。从那天开始,我一直用九头牛的标准来要求自己。"

这个故事的名字就叫作"九牛之人"。这个故事能给人们带来以下几点感悟。

(1)生命成长的过程是不断自我提升的过程,你给自己如何定位,你就真的会成为那样的人。

(2)用发现"九牛之人"的心态去看待你周围的人,将得到真情的回报。

(3)肯定和赞美能激发出人无穷尽的潜力,能不能遇到一个"九牛之人",关键是,你愿不愿意用发现"九牛之人"的眼光去看待你周围的人。

(4)其实每个人都是一块金子,只是光线照射的角度和抛光面的多少,决定了光反射的程度不同。你认为自己是天才,并且按照天才的标准去做了,那你就是天才;你认为自己是美女,并按照美女的标准要求自己,那你就是最美丽的人。

(5)认为自己一定会有所成就,并为之努力了,就一定会成功!不管结果如何,你都是成功的。

(6)决定一切的不是外在条件,而是内心的信念。只要有信念,心火就会常存不熄,就会得到自己想要的幸福!

若丧失了爱的能力,也就没有资格称为人类了。明白了这个道理,就要自觉增加爱的能力,让更多人感受到这个爱,把爱传递出去。

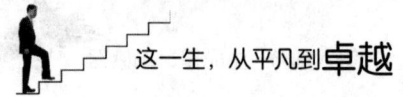

●我的十项承诺

培训快结束时,有一个项目,要求每一个学员都要做出十项承诺。这是为了增加自觉的能力而做的训练,也是为了改变学员身上的一些陋习。承诺内容除了完整参加"三七二一"落地体系外,就是承诺以后不做什么和承诺以后要做什么两个部分。

人有两种动力:一种叫追求快乐,一种叫逃避痛苦。真正做出承诺之后,就要负责任,要努力去实现目标。经过仔细思考和反复斟酌,我做出了如下承诺。如果你也想有所改变,不妨参照我的格式,也写一份承诺,作为监督自己的凭证。

我的十项承诺

承诺时间:

承诺人:

支持人:

1. 我承诺完整参加"三七二一"落地系统。
2. 改掉打麻将等一切赌博恶习。
3. 戒掉喝酒习惯。
4. 不对身边任何人发脾气。
5. 戒除拖沓习惯,保证当日事,当日毕。
6. 我承诺每天给母亲打一通电话。
7. 家里每天清扫一次。
8. 坚持每天运动一小时。
9. 坚持每天读书至少30页。
10. 每晚睡前梳理总结自己的活动及收获。

承诺人签名： 时间：
支持人签名： 时间：

十项承诺书后附有日检视表。

★日检视表（做到打"√"或没做到打"×"）

N	周一	周二	周三	周四	周五	周六	周七
1							
2							
3							
4							
5							
6							
7							
8							
9							
10							

成功＝简单＋坚持，加油！大师兄期待你的好消息。

写给三年后自己的一封信

之所以要努力，都是为了实现"从平凡到卓越"的跨越。而这个跨越不仅要求以觉醒与觉悟为前提，还要身体力行，通过具体的修炼，方能达成目标。《西游记》中唐僧西天取经，共遇到八十一难，一路降妖伏魔，化险为夷，最后才到达西天，取得真经，修成正果。这就是"从平凡到卓越"的生动写照。

按照大师兄的要求，每个学员都给三年后的自己写了一封信。如果愿意，也可以以之前写的三年后的日记为蓝本，写一篇寄给三年后自己的一封信，相信等三年后你再看到这封信时，一定会有不一样的感受。

三年后的我：

你好！

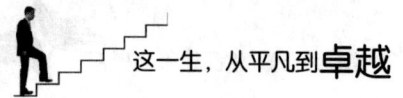

还记得三年前的培训吗？就是"从平凡到卓越"的培训。在这次培训课程中，我有幸结识了大师兄，是他为我们的人生之路做了最重要的点拨，犹如拨云见日，让我们明白了人生真谛。我决定以大师兄的教导为人生指南，一改过去的庸凡状态，向卓越进发。

明白了什么叫平凡，什么叫优秀，什么叫卓越，就要通过行动改变自己，成就卓越。所以，要坚守并且完成自己所有的承诺。改变自己是一个痛苦的过程，但若不改变自己，是一个更痛苦的过程，因为自己的生命将得过且过、随波逐流。

我们不仅要为自己而活，同时还有责任为母亲、为妻子（为丈夫）、为孩子、为亲人而活，为效力的单位和团队而活，为社会责任而活。所以，我们没有资格墨守平庸，只能选择并且成为卓越的人。

希望三年后的你与现在相比，拥有更加独立的思考和更好的判断能力，拥有更独立、更成熟的人格，对事对人的认识能够更透彻也更宽容。真正做到严于律己、宽以待人，能够温柔而宽容地对待身边的每一个人。

希望三年后的你，如愿从事了梦寐以求的工作，有更多的阅历，读更多的书。不求有多高雅，但求依旧有一颗纯粹的心。

希望三年后的你，有一个好伴侣，不求事事顺你，但求可以一直陪伴，不离不弃。

希望三年后的你，有一定的经济财富，可以为父母分担生活压力，不求大富大贵，但求一家人岁岁平安。

在这三年里，我会努力为自己制订一份学习计划表和时间安排表，然后一步一个脚印地去努力，将目标一一实现。我想要守护好我珍贵的亲情、真挚的友情和美好的爱情；我会将曾经经历过的苦痛都总结成经验和教训，让他们化作光明，照亮我前行的路；我想坚守我的一个个小小的心愿和大大的梦想，一步步去靠近、去实现，将心填满，将梦圆满。

我知道你未来将会面临更多困境，但我更相信，你绝不会被打倒。我希望当你回首时，心是无憾的，也是欣慰的。也许到那时候，你会有更加丰厚的物质生活，但我希望你获得成长与进步，更懂得如何去爱自己、爱他人和爱生活。要成为卓越的人，不仅取决于你对承诺的坚守和履行，还要按照大师兄的教导，去完成那些有关学习、践行的所有任务。

我相信你能行！你不会让你的所有亲人和所有关注你的人失望！

咱们三年后见！

祝愿：

一切安好，幸福安康！

三年前的你

后记

朝圣心路——自我超越，永不止步

三天四晚的培训，学员们都反馈受益良多，不仅能打开心门，还能明确地意识到今后的人生道路到底应该怎么走。"从平凡到卓越"的培训，确实是人生中重要的"心灵的洗礼"。

"从平凡到卓越"绝对不是那种有它五八、没它四十的培训，而是追根究底、直指人心的学习。开始的时候，可能还没有什么特殊的感觉，可是越听就会越觉得这个课程不一般。

人们常说："酒逢知己千杯少，话不投机半句多。"关键是说的话是否投机，是否对路？可以说，从"平凡到卓越"的课讲到了人心里，"从平凡到卓越"的游戏和活动做到了人心里。所以，这就是直指人心的学习。

那么，学了"从平凡到卓越"，究竟能收获哪些成果呢？概括说来，可以归纳为以下几个方面。

一是打通人生的大周天。世界上存在着各种人生观，究竟什么样的人生观才是正确的？不解决这个大问题，所有的思考和努力都会白费。从小到大我们接触过、学习过各种知识和学问，而这些知识和学问又怎么应用呢？是否用对了？都是必须回答的问题。

我们知道，人修炼的基础是打通大周天，否则就无法进入正式的练功状态。其实，人生也是如此。听了"从平凡到卓越"的课，人生大周天就会被

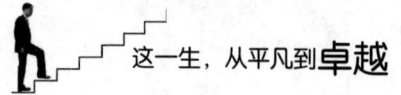

打通。是的,只有具备了觉醒和觉察的能力与智慧,人生才能从自发状态过渡到自觉状态。如果一辈子都处于自发状态,人生无异于没有活过。

二是透彻了世间的因果律。"种瓜得瓜,种豆得豆""种瓜不能得豆,种豆不能得瓜",这些耳熟能详的话虽然说起来容易,但是真心相信并严格照办就不那么容易了。因果律说明,发生在生活中的任何事物的结果,必定有一个或多个与其相伴而生的原因,也就是说,我们每天都生活在因果定律之中。无论哪一方面的成功或失败都不是偶然的,都有着一定的因果关系,即每个结果都有特定的原因。

爱默生说:"因与果,手段与目的,种子与果实,全是不可分割的,因为果早就酝酿在因中,目的存在于手段之前,果实则包含在种子中。大自然法则是:从事工作,你将拥有权力,但不工作的人,将没有权力。"要想得到某样东西,一定要付出更多的努力,把与该事情相关的每件事情都做好,才能从该事情中得到丰厚的回报,付出越多才能收获越多。因果律以最简单的形式告诉我们,为自己设定了想要得到的结果,就要追溯前人,看一看得到这个结果的人是怎么样做的,并为这个结果而努力付出。像成功者一样来做事情,获得的结果也将和他们同样多。

三是获得了为人处世的圭臬。很多人都喜欢以自我为中心,很难顾及别人的感受,自然也就难以赢得别人的心。"得人心者得天下",关键是怎么去得到人心?不去种因,怎么结果?大师兄教导的"焦点在外"原则,就很好地解决了这个问题。

再如做事时,是为了证明自己而做的,还是为了做好这件事而去做?为了证明自己而去做,焦点在于自己,得失心很重,需要别人的肯定和嘉许。如果别人没来得及肯定和嘉许,就会很受伤,生出很多埋怨和负面情绪。做得不好,自己很受伤,立刻就不自信了。而为了做好这件事而去做,焦点就会放在如何做好这件事上,会忘我。这样潜能和力量就会激发出来,这样才

能取得最佳效果。

四是搞懂了有关学习、管理、销售的根本智慧。大师兄为学员提供了一套学习系统，包括德鲁克的管理学、南怀瑾的国学、克里希那穆提的心灵学和稻盛和夫的亲身践行。久久研习，自然会受用无穷。管理的学问和销售的学问，并不是一般人断章取义的东西，而是真正以对人心人性的把握为基础，既是实用的，也是圆融的。

当然，并不是一次培训就能豁然开朗的，按照大师兄的说法，至少需要参加六次"从平凡到卓越"的培训。每次都会有不同的收获，每次都会对人生有更加明朗的认知。再加上日常工作与生活中的不断修炼，人生必然会从平凡到优秀，从优秀到卓越。如果是平庸的培训，人们去一次就不会再去了，但参加过"从平凡到卓越"培训的人，去过一次还想再去，没有足够的吸引力，恐怕是无法取得这样的效果的。

所以，我们希望企业的所有员工都能参加"从平凡到卓越"的培训，也希望社会上更多企业参与"从平凡到卓越"的培训。

此书到这里已进入尾声，但新生活才刚刚开始。静下心来，为自己制订一个学习、生活、工作、事业的计划和目标，然后按部就班地落实。正如禅宗讲究悟后起修一样，明白了道理，还要在实践中一步一步做到。比如，清代中兴之臣曾国藩，年轻时心浮气躁，做事虎头蛇尾，当他通过学习易经恒卦，意识到自己的问题以后，他是通过克服一系列的小缺点，来克服性格弱点，培育有恒之心的。一个缺点克服之后，再来克服另一个缺点，慢慢缺点就会越来越少，优点越来越多，人也会越来越成熟，越来越能够担当重任。

生活中，要按照大师兄的教导，在实践中克服弱点，发扬优点；在现实中不断感悟做人、做员工、做管理者、做领导的道理。不断完善自己，不断成长，不断进步，不断提升思想境界，不断开阔人生视野，不断增进各项能力，努力成为一个卓越的人。

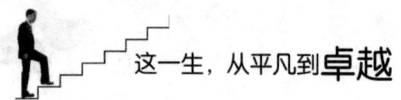

学习的结束,只是从平凡到卓越的开始

每个人都想拥有卓越的人生,不甘于庸庸碌碌。但如果不知道或不清楚怎样才能拥有卓越的人生,纵使忙到焦头烂额、四脚朝天,也不过是手忙脚乱、误打误撞的瞎忙而已。正所谓,种瓜得瓜,种豆得豆。同样,播种牡丹才能收获牡丹,播种蒺藜只能收获蒺藜。

命运掌握在自己手里,任何一种外力都是靠不住的。靠自己,自助则天助。自己保佑自己,上帝才能保佑你,一切来自自力。

古人曾经谈到英雄与圣贤的分别:"英雄能够征服天下,不能征服自己;圣贤不想去征服天下,而征服了自己;英雄是将自己的烦恼交给别人去挑起来,圣人自己挑尽了天下人的烦恼。"圣人之道,首先要征服自己,不想征服天下;征服天下易,征服自己难;能够征服自己的人,必然能够征服天下。这就是真正的人生辩证法!

培训学习的结束,只是从平凡到卓越的开始。因为要想知道今后的人生之路怎么走,需要一段漫长的时间去解决问题,并在实践中走上从平凡到卓越的路程,直到取得成就。

可以这样说,如果没有"从平凡到卓越"的培训课程,没有大师兄的系统点拨,学员不知道还要在黑暗中摸索多少年。有这样一个拨云见日的机会,简直是三生有幸。如果说过去的人生是自发的人生,那从今往后的人生就是自觉的人生。

按照大师兄的说法,"从平凡到卓越"的体系,刚开始是"黄金时代"用来给内部员工做培训的产品。后来,逐渐成为整个湖南地区最受欢迎的员工素质训练课程。到今天,"从平凡到卓越"的课程已经分为了四个阶段。

第一个阶段,叫作从平凡到卓越员工素质训练,它所提升的是凝聚力和执行力。参加"从平凡到卓越"素质训练出来的员工,三天形成的团队也许比外面三年的团队更像一个团队,因为它强调的是严格。

后记

第二个阶段，叫作从平凡到卓越管理者素质训练，讲的是管理者的新思维和新格局。请相信，当我们成为管理者的时候，能力一定没问题，否则不可能成为管理者。但成为管理者，最需要改变的是思维，由以前点的思维到现在面的思维，由以前只要搞定事到现在除了搞定事之外，还要搞定人。对于管理者来说，除了掌握必要的技能、方法和工具外，最重要的是新思维和新格局。

第三个阶段，叫作从平凡到卓越领导者素质训练，面对的是所有的企业家和企业老总。我们生命中有两个范畴：第一个范畴叫作能力，第二个叫作能量。什么叫能力？能力就是自己可以把事情做得非常好；能量是我能感召更多的人把这个事情做得更好。中国的中小企业家、管理者，多数都是能力超群的人，但能力是能量最大的天敌，越有能力，能量就越差。所以，在从平凡到卓越领导者素质训练里，我们最需要的是每个管理者真正学会放下的力量。同时，从平凡到卓越领导者素质训练，让我们回到"营销"这一基本命题，并从战略角度打造可持续盈利的营销生态系统，形成企业长期竞争优势。

第四个阶段，叫作从平凡到卓越企业家素质训练。从平凡到卓越企业家素质训练聚焦于在变幻莫测的世界中企业家的安身立命之道。以"觉学修行"为主线，围绕儒家的管人之道、道家的成己之道、佛家的修心之道层层展开，使企业立于不败之地，为企业家的修齐治平指明方向。

我们对每一位参加"从平凡到卓越"课程的学员都有定义，我们把每一个"从平凡到卓越"的学员定位为"卓子"。卓是追求卓越的卓，子是孔子、老子尊称的子。所谓卓子就是追求卓越，并且有所成就的人。

我们把所有参加员工素质训练的人，叫作小卓子。员工素质训练最重要的是度己，尽到我们的责任，真正面对我们的责任、荣誉和团队。我们把所有参加管理者素质训练的学员，叫作中卓子。管理者素质训练讲的是度人，

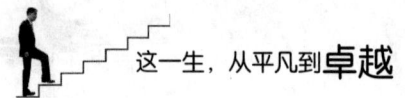

讲的是个人的蝶变、企业的腾飞。

我们把所有参加领导者素质训练的学员，叫做大卓子。它最重要的定义是度世，真正为社会承担应该承担的责任。而能否承担社会责任，也是企业家和老板最大的区别。

在每一期培训中，不管是员工素质训练、管理者素质训练，还是领导者素质训练，我们又赋予了每一个"卓子"三重身份。

第一重身份，学者。

所谓学者，就是学习了这个课程的人，每位学员都是。而且，"从平凡到卓越"不是两天一晚、三天两晚、三天四晚的课程，所有的课程结束后，我们邀请也允许所有的学员终生免费复训。

第二重身份，行者。

所谓行者，就是我们的所有助教。这些助教参加完课程后，觉得课程非常好，想通过他的成就来支持更多的人发生改变。我们把"行者"也叫作实践者。所有学者学完课程后，都可以终身免费复训，也可申请成为助教。

第三重身份，师者。

所谓师者，就是把"从平凡到卓越"课程学到的所有知识融会贯通，变成自己的智慧，从而帮助更多的人，也就是我们一直在召集的讲师团。我们希望邀请更多的人加入到"从平凡到卓越"的学习体系，并且通过我们所感受到的，去支持更多的人，从平凡开始走向卓越。

这就是"从平凡到卓越"课程的整个体系。我们希望越来越多的人都能加入这个体系，也希望我们每个人都能通过学习彼得·德鲁克、南怀瑾、克里希那穆提以及稻盛和夫的智慧，让自己的生命有所不同。记住，从平凡到卓越的目标，不是要你成为二流的缪玮、三流的余世维；从平凡到卓越的目标，是要你成为一流的自己。

大师兄提醒我们："从平凡到卓越"真的至少要参加六次！因为第一次你

仅仅只能体会到感动；第二次你感受到的是信念；第三次你能学到一些方法；第四次你听到的可能是基业长青大文化系统，感受到文化的重要；第五次你可能听到生命的智慧、人生的智慧；到第六次，你才能听得懂觉学。

  大师兄说，这是他一生所追求的东西。

"从平凡到卓越"素质训练学员见证

见证一

刘总，1 期学员，某大型广告公司总经理。

最初的"从平凡到卓越"素质训练课程，时间仅有三天两晚而已，但是课程内容带给我们的影响却是深刻的！信念、勤奋、感恩、团队、机会、爱心、事业……这些词汇在这三天两晚里得到了最好的诠释！记不清已经派了多少批员工来参加培训了，但"从平凡到卓越"素质训练给我们的员工、公司带来的益处显而易见！谢谢"黄金时代"！谢谢大师兄！

见证二

谭总，19 期学员，某五金市场董事兼财务总监。

"从平凡到卓越"是一扇开启心灵智慧之门，本课程使我对生活有了新的认知，使我热情、谦卑、好学。同时，改善了与女儿原本很糟的关系。本课程给我的震撼一生难忘，受益终生。

见证三

李总，65 期学员，某连锁超市营销总监。

说实在的，来学习之前也接受过不少培训，那都是一些理论方面的知识，无法深入人心，且内容大同小异。但在"从平凡到卓越"三天两晚的学习，可以说是习惯改变的一个转折点。有了那几天的所作所为、感想感悟，加上后来的不断实践，总算明白了方向大于方法的超级理念，才有了我今天的梦想实现。常人不敢想象的事情我敢面对、敢抓住。所谓机会就是在机遇

来临时抓住，因为它只留给已经准备好了的人，也就是好的人品+好的想法+好的心态。成功，选择对了，努力就不会白费。非常感谢大师兄高深智慧教诲，祝我们的"黄金时代"文化精神，金光灿灿，代代相传。

见证四

陈总，66期学员，某知名口腔连锁医院董事长。

大师兄的"从平凡到卓越"的课程就是破茧成蝶、凤凰涅槃的过程。大师兄运用先进而科学的理念，从身心灵不同角度出发，设计出一个又一个寓意深远的游戏，环环相扣，让我们从中深刻体悟到在平时工作和生活中的真实表现。让我们更客观地看见自己：啊！原来我平时是这样处世的！多年的纠结顿时化为乌有！公司也有不少员工参加了"从平凡到卓越"的课程，反响很不错，工作自动自发，遇到问题先内求！如果您想送孩子或员工一份礼物，请把他们送进"从平凡到卓越"的课堂，他将感激您一辈子！

见证五

龙总，75期学员，某餐饮管理公司董事长。

参加"从平凡到卓越"的课程之后，最大的收获就是对如何增强核心领导力和团队凝聚力有了更深层次的理解。这对我在企业中培养中层干部具有很大的指导意义。课程中，我个人的能力和思想境界有了很大程度的提高，尤其是课程中的互动游戏，增强了我的团队协作能力，并深切感受到一个合作良好的团队所能带来的巨大效益。祝愿"从平凡到卓越"课程推陈出新，越办越好，帮助更多有激情、有理想的人！

见证六

李总，79期学员，某大型机械设备公司人事行政经理。

抱着将信将疑的心态参加的"从平凡到卓越"培训。可是培训伊始，大师兄带给我的是不一样的培训感受，他并没有教我们具体的方法，更多的是给予我们生命中最简单的信念。坚持是唯一的成功之道，只要我们有一种永不放弃、全力以赴的精神和信念，我们心中的理想之花终究会绚丽绽放。培

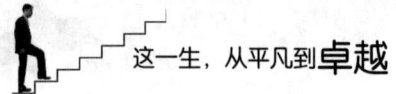

训结束,我很欣慰地听到我的朋友说我有了脱胎换骨的变化。感谢"从平凡到卓越",感谢大师兄!

见证七

龙院长,118期学员,某大型食品公司营销学院院长。

参加"黄金时代"的系统培训,帮助我们更快更有效地度过了当时的市场危机。对核心团队而言,业绩增长固然是重中之重,但团队的凝聚力与战斗力也是在激烈的市场竞争中不可或缺的,而"黄金时代"就很有效地帮助我们提升了组织能力,开拓了思路,给予了我们对销售管理及目标管理的启发性思考。在培训过程中,老师的亲和力、清晰的表达能力,以及结合现状的针对性案例,使我们受益匪浅!让急于提升综合素质能力、提升团队凝聚力与战斗力的我们,迈上了一个新的台阶!

见证八

杨总,"从平凡到卓越"学员,某大型药业股份公司人力资源总监。

成功不是偶然,更不是奇迹。所有事物都有因果,成功则是我们坚持信念并付诸行动得到的果。三天的学习,帮助我公司每一位营销人员得到成长,激发了他们内心深处的"狼性",提高了营销团队的整体士气,打破了固有思维,提升了营销人员的自身格局,使公司的销售业绩更上一层楼。

见证九

黄总,"从平凡到卓越"学员,某大型网络科技公司董事长。

企业持续发展,靠的是优秀人才,靠的是卓越团队,而优秀的人才,卓越的团队需要培训才能迅速成长。正逢企业快速发展的时期,公司需要一批优秀的员工与高管助力,因此我们不惜花费时间和投入重金培养他们。"黄金时代"是我们慎之又慎选择的湖南本土培训公司,我们的所有中高层以及优秀员工几乎都参加了培训,结合培训后的情况来看,培训效果远高于我们的预期!我们会继续保持与"黄金时代"的深度合作。

见证十

邓总,"从平凡到卓越"学员,某知名汽车维修服务公司董事长。

和"黄金时代"连续10年的合作,前后超过200位管理者走进"从平凡到卓越"的课堂。帮助企业培养了一批又一批优秀的管理者,同时帮助我们企业建立了人才培养体系。我们会不断与"黄金时代"开展更深度的合作。

附录一　从平凡到卓越的智慧

1. 以己为师，做最好的自己。

2. 我是一切的根源。

3. 选择和努力同样重要。

4. 生命中最大的智慧：矛盾。

5. 世界上最大的秘密：心想事成。

6. 学习的定义：学习是从不知道到知道、从知道到做到、从做到到通过我们的改变让别人收到，最后才能得到甚至得道的过程。所谓学习，就是改变，去做自己不想、不敢、不愿、不能甚至不屑去做的事。

7. 生命是一个系统，我们要学会多维度思考。

8. 从平凡到卓越四圣谛：因爱之名，以己为师，自觉觉他，度世度己。

9. 从平凡到卓越的修行：觉知—觉察—觉醒—觉悟—觉他—明了—涅槃—混沌。

10. 从平凡到卓越的六大能力：活在当下、焦点在外、尽心制胜、降格以求、履行加一、以终为始。

11. 觉学概论：明心见性，知行合一；大道至简，向善向上。

12. 从平凡到卓越的行为调整：从自己做起，从现在做起，从小事做起。

13. 这世界从不缺乏美丽，只缺乏发现美丽的眼睛。

14. 生命中所发生的事情，如我们所想叫作"福气"，不如我们所想才叫作"正常"。

15. 快乐＝感恩、感谢、感激；幸福＝惜福，只有珍惜当下的人才会拥有幸福。

16. 很多人的目标都是向外求，却不知道决定目标的是我们自己的价值观和格局。

17. 人生的智慧：一命二运三风水四积阴德五读书。

18. 人生的修炼：格物、致知、正心、诚意、修身、齐家、治国、平天下。

19. 人生最可怕的不是失败，而是没有参与；人最可怕的不是死亡，而是根本就没有活过。

20. 也许人生最大的问题，就是觉得自己没有问题，却没有达到自己的人生目标。

21. 不以黄金为最贵的时代，即是黄金时代。

22. 一花一草一世界，春夏秋冬又一春。

23. 坚持是唯一的成功之道，严格是唯一的坚持之道。

24. 对自己严格是因为对自己有信心，对他人严格是因为对他人有爱心。爱，是唯一的奇迹。

25. 世界是公平的，最大的公平就是我们还有机会参与。成功的人总觉得世界是公平的，而失败的人总觉得世界不太公平。

26. 所有的问题，都是"人"的问题。既然是人的问题，就一定有办法解决。现实中，很多看起来没办法解决的问题，仅仅只是因为我们不会"沟通"。

27. 没有等待，时间是自己的。

附录二　从平凡到卓越五步法

第一步：发现自己

面对世界，我们需要窗户；
面对自己，我们需要镜子。
从平凡到卓越的第一步，
就是面对真实的自己。
面对自己的缺点，
往往是不舒服的，
但这是一条必经之路。
因为只有当我们面对真实的自己，
发现自己、唤醒自己，
才是我们成长的第一步。

第二步：相信自己

相信自己是"九牛之人"，
相信自己在不断迁善，
相信若要如何，全凭自己。
看人之大，
首先是足够的自信，
相信自己身上有无数潜能，
相信就能看到，
想要成功，先要有自信！

第三步：负责任

当我们为人生负 100% 的责任，

我们才能开发身上 100% 的潜能，

我们相信我是一切的根源，

所以我们要为自己的人生负责任；

我们要为事件的发生负责任；

也要为事件的结果负责任。

负责任的心态，

让我们充满了力量；

负责任的心态，

让我们不断站高一线，

开发潜能，开拓思维。

第四步：设定目标

没有目标的人，

为有目标的人服务；

小目标的人，

为大目标的人服务；

短期目标的人，

为长远目标的人服务；

目标模糊的人，

为目标清晰的人服务。

人生有目标，奋斗就有方向。

卓越的人生，

从设定卓越、清晰、长远的目标开始！

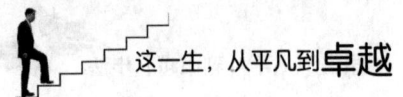

第五步：尽心制胜

从平凡到卓越最重要的一步，
就是尽心制胜！
尽心制胜，就是将所有潜能
发挥到极致！
向着目标，全力以赴！
放大潜力，放大梦想！
放大格局，放大视野！
放大可能性，放大成就！

附录三 《这一生,从平凡到卓越》遗留十大问题

1. 知道和做到的悖论?
2. 走向成功的要素是什么?
3. 销售十大步骤的6个关键节点是什么?
4. 精神病的十大特征是什么?
5. 人生的路究竟讲的是什么?
6. 红黑游戏代表卓越的人生,究竟是为什么?
7. 怎样理解从平凡到卓越四圣谛?
8. 如何真正领悟觉察与觉醒的智慧?
9. 静坐当中七轮的深度解析与觉学智慧怎样融合?
10. 觉学的系统智慧是什么?